忍 经

马银春 编著

中国言实出版社

图书在版编目（CIP）数据

　　忍经 / 刘洋编著. --北京：中国言实出版社，
2014.1
　　ISBN 978 - 7 - 5171 - 0334 - 9

　　Ⅰ.①忍… Ⅱ.①刘… Ⅲ.①个人－道德修养－中国
－元代 Ⅳ.①B825

　　中国版本图书馆 CIP 数据核字（2014）第 001301 号

责任编辑：周汉飞　史玉香

出版发行　**中国言实出版社**
　　地　　址：北京市朝阳区北苑路 180 号加利大厦 5 号楼 105 室
　　邮　　编：100101
　　电　话：64924714（发行部）　　64924735（邮　购）
　　　　　　 64924853（总编室）　　68581667（少儿中心）
　　网　　址：www.zgyscbs.cn
　　E - mail：zgyscbs@263.net

经　　销　新华书店
印　　刷　三河市南阳印刷有限公司
版　　次　2014 年 2 月第 1 版　2014 年 2 月第 1 次印刷
规　　格　710 毫米×1000 毫米　　1/16　17.5 印张
字　　数　225 千字
定　　价　32.00 元　　　　ISBN 978 - 7 - 5171 - 0334 - 9

前言
PREFACE

在唐代,浙江天台山的国清寺有两位大师——寒山与拾得。他们行迹怪诞,言语非常,相传是文殊菩萨与普贤菩萨的化身。一天,寒山问拾得:"世人有人谤我、欺我、辱我、笑我、轻我、贱我,我当如何处之?"拾得说:"只要忍他、避他、由他、耐他、不要理他,再过几年,你且看他。"

适时的忍耐是一个人应有的精神状态和品格,而中华民族之忍在世界民族之林中尤为显著。这其中有"辱之忍"、"乐之忍"、"富之忍"、"权之忍"、"安之忍"、"快之忍"、"奸之忍"等等,总之,忍已形成一门学问,一种智慧。

何谓"忍"?《说文》注曰:"能也"。由此可见,忍是为了达到某种目的所采取的手段,因此可以说,忍既是目的,也是手段。借古鉴今,历史长河奔腾不息,人本身在社会中所处的地位和社会功能一直未变,人与人之间的交往越来越复杂。众所周知,不管忍是一门学问还是一种智慧,但其主旨未变:教人成功。中国传统文化博大精深,为人处世的智慧可谓仁者见仁、智者见智,但不管仁者与智者,无不以忍为契机。

其实,忍不只是表面上的一种忍耐,有时是蓄势待发;有时是趋吉避凶;有时是韬光养晦,但也会有自甘懦弱、狡诈之辈。前者是修养,需有广博的知识和天生的资质。而后者则是性格上的软弱和奸诈而已。这是两者的本质区别。

中国立国久远,谋略文化渊源,但专门论述以忍知成败的典籍却是凤毛麟角,《忍经》就是这样一部难得的经典之籍。

忍与中国传统谋略文化素有渊源,它根植于中国传统谋略文化,并在此基础之上扩展了其精髓,这融合了儒、道、法、兵、纵横、阴阳众家思想体系。《忍经》将这些传统智慧加以客观分析,进行了系统的梳理和总结,从各角度论述了忍之术。《忍经》还建立了自己的思想体系,把中国传统的思想体系与人格标准融入一起,站在时代角度去挖掘其内涵,旨在使其把传统与现代相结合。本书的社会功能在于使人明达、聪慧、理智。鉴于此,我们精心准备,推出了该典籍。

《忍经》一书撷取历史上成功典资加以提炼总结,使人真正能领悟到"忍"的内涵,容易接受又能活学活用。大千世界、芸芸众生,交友、择人、做事、经商、为官,每个人无时无刻不在演绎人生,这其中的功过得失,是非成败,又有几人去仔细品味过!既然已知"忍"是大智慧,是人成功避免失败的条件之一,何不捧卷在案,茶余饭后,仔细品味。相信会有收获。

我们希望通过阅读《忍经》,能让您从中学到您所需要的东西,使您的人生更精彩、更理性,从而获得成功!

目录
CONTENTS

第二章 忍辱负重

第九章　奸诈之忍

第十章 磨难之忍

第十一章 为官之忍

目录

第一章　大材之忍

　　何谓大材之忍？这是一种大智慧，也可以说是一种韬光养晦，它是人处于劣势或不得志时为了将来的发展而采取的一种策略。这种忍是修养之忍，是趋吉避凶的深刻智慧，是为了达到某种目的的忍，是圆融无碍的处世方法。

"忍"中大材李世民

李世民是中国古代杰出的封建帝王之一，他把唐王朝推上了当时世界巅峰。那么，李世民因何能取得如此辉煌的成就呢？归根结底，取决于一个字——"忍"！李世民之忍，有弱之忍、残之忍、慈之忍、谏之忍，诸"忍"合一，使得他创造出了独步千古的盛唐伟业，为自己留下万世英主之名。

天时、地利、人和，三者具其一时信奉忍，三者具其二时仍然忍，当三者皆备时，无需再忍。这就是李世民的忍，应该说李世民是忍中大材。

攻守贯行"忍"道

我们先来说说李世民的"弱之忍"。所谓弱之忍是指势不及人时，为了将来的发展而采取的守势。李世民是李渊的第二个儿子，在李渊立唐时立下了汗马功劳，文韬武略和威望要高于自己的哥哥——太子李建成和弟弟齐王李元吉。李建成知道李世民对自己的皇位有威胁，便与李元吉联手想除掉李世民，而且太子和齐王还有李渊的支持，李世民更显得势单力薄。于是，李世民采取了守势——忍。

一次，李建成请李世民赴宴，在酒中下毒。李世民饮后腹中暴痛，吐血不止。不知是毒药量小，还是抵抗力强，李世民在吐了数升血后竟保住了性命。李渊知道这件事后，狠狠地训斥了李建成一顿，但没有对李建成做什么处置。李世民知道如果责问李建成也讨不到什么说法，弄不好会激怒父皇。他还是忍了。

李建成见一计不成，又生一计。他设法说服李渊去郊外打猎，并要几个皇子相陪。父皇之命，李世民不敢不从。李建成特意派人为李世民挑选了一匹性情暴烈的马。等到李世民纵马追赶一头麋鹿时，烈马狂性大发，把李世民摔出一丈多远，险些摔死。后来，李建成又与李元吉密谋，准备在替李元吉出征饯行的宴会上杀死李世民。李世民一忍再忍，直到时机成熟，才发动"玄武门之变"，一举杀掉了太子李建成及其党羽。

这就是李世民的弱之忍，知道势不及太子李建成，不与其争锋，而是等待时机。如果在条件和时机都不成熟时，李世民就和李建成闹翻，真不知他的命运会怎么样。

再说说李世民的"残之忍"。中国封建社会皇位继承有明文规定：立长不立幼。这在某种意义上势必会造成兄弟之间反目成仇。权力之争是残忍的，因为这是非鱼死即网破的时候，来不得半点犹豫。正所谓"彼命不休此命休"，李世民深谙此理，他见自己与李建成的斗争已经公开化，于是决定先下手为强，带人埋伏在太子与齐王上朝的必经之路——玄武门。太子与齐王前来上朝，李世民的伏兵四起。他亲手射杀了兄长李建成，大将尉迟敬德杀死了齐王李元吉。李世民的政敌完全消除，从此再也无人能与他争锋。不久，唐高祖李渊就把皇位"禅让"给了李世民。李世民在这场政变中充分地暴露出了其残忍的一面。

无论是处于守势时的退让坚忍，还是发起进攻时的果断残忍，李世民都是贯行"忍"道，才能保全自己，然后夺取帝位。

忍耐下属以慈服人

再说说李世民的"慈之忍"。"慈",就是慈爱,"慈之忍",就是对部下像父母对待儿女一样爱护他们。"以慈服人"绝非外在的收服,而是使被收者心悦诚服,这需一定的忍耐性。"慈之忍"换来的结果是使被收服者永远地、心甘情愿地报答和忠心。

尉迟敬德是隋末唐初名将,原是刘武周的部将。当时,尉迟敬德刚刚降唐,李世民部下行军元帅长史屈突通担心尉迟敬德叛变,请李世民采取防范措施,李世民说:"过去,萧王刘秀推赤心置人腹中,他手下的人都忠于使命。现在我信任尉迟敬德,委以重任,何必怀疑他呢?"

不久,原刘武周部下的降将都叛变而去,众将怀疑尉迟敬德也一定要叛变,就将他囚禁在军营中。屈突通与殷开山都说:"尉迟敬德刚刚归顺,尚不稳定。此人极其勇猛,我们拘禁他很久了,他既被猜疑,一定会生怨恨之心。留着他恐贻后患,请立即杀掉他。"李世民说:"我的看法和你们不同。尉迟敬德若怀有背叛之心,难道会在其他众将之后吗?"说罢,立即命人将尉迟敬德释放,命人把他领到自己的卧室内,赐给他金银珠宝,对他说道:"大丈夫期望的是相互间讲义气,对小的怀疑不要介意。我终究不会听信谗言而残害忠良,你应该体察到这一点。如果你一定要离我而去,现在把这些东西就当作赠给你的川资路费,以表达这一段时间共事的情谊。"当天,李世民就让尉迟敬德跟从自己外出打猎,恰巧遇到王世充带领数万步兵骑兵来战。尉迟敬德保护李世民冲出重围,又率军回来与王世充军交战,俘获敌军六千余人。李世民对尉迟敬德说道:"当初,众人认为你必定叛变,是上天引导我排除众议,保住了你。人说福和善都是有证验

的，不过没有想到回报得这样快呀！"于是，赐给尉迟敬德一箱金银。

此后，李世民对尉迟敬德的恩宠日胜一日。后来，尉迟敬德跟从李世民征窦建德、讨刘黑闼，屡立战功，被授予秦王府左二副军之职。太子李建成及其弟李元吉企图谋害李世民，就派人秘密地送书信及重礼给尉迟敬德。尉迟敬德推辞道："我出身微贱，适逢隋亡，天下土崩瓦解，我无安身之所，长期沦落于逆地，罪不容诛。是秦王给了我第二次生命，又让我在秦王门下任职，我只能以身报恩。我对殿下无功，不敢接受这样厚重的赏赐。我若私自答应殿下的要求，就是怀有二心。我若为了私利而丢掉忠心，对殿下又有什么用处呢？"不久，尉迟敬德把李建成欲收买他的事报告了李世民，李世民说："我深知你的忠心，即使成斗的黄金，也不能使你的忠心改变。不过，以后他们只要送来礼物，您就收下，不必顾虑。若不如此，他们就会怀疑并杀掉你，你的安全得不到保障。况且你了解了他们的阴谋，还可以及时采取相应的对策。"

李世民登帝位之后，对臣下仍待之以诚。贞观八年，尉迟敬德曾侍宴于庆善宫，当时有的人座位在尉迟敬德之上，尉迟敬德即恼怒地质问："你有什么功劳，该坐在我的上位？"任城王李道宗上来解劝，尉迟敬德一拳打中李道宗的眼睛。李世民十分不悦地对尉迟敬德说："我阅读汉朝史书，看到高祖的功臣能保全性命的极少，我心中总是责怪他。自从我登上皇位以来，总是想着保全功臣，使他们子孙继续不断，可是他们往往违反国家法令，我才知道韩信、彭越遭到杀戮，不是汉高祖的过失。国家大事，都要通过赏与罚来办理，不恰当的恩宠，不能屡次实行，请你自我检点，免得使自己将来后悔。"李世民知道尉迟敬德是武将，又是忠臣，因而对他的无礼一忍再忍。如果李世民对尉迟敬德不忍，那么尉迟敬德能否善终就不得而知了。

对开国良将如此，那么对待下人又是怎样呢？一次，李世民乘轿出游，一个卫兵脚下滑了一跤，无意中拉了太宗的龙袍，险些把李世民拉下轿来。卫兵吓得魂不附体，李世民却仁慈地说："这里没有御史法官，不会问你的罪。"而且告诫身边的人不要把这件事传出去。触犯"龙体"在封建社会是大逆不道的事，按理是该问死罪的。李世民还是以博大的胸怀忍住了，原谅了卫士。如果说尉迟敬德是开国元勋，有功劳，李世民能以慈为忍，善而待之，那么对待那个不小心拉了自己衣服的卫兵的态度又如何解释呢？这就是"慈之忍"，忍得天宽地阔，使这些人以死相随。

虚心纳谏容忍冒犯

我们再说说李世民的"谏之忍"。自古封建帝王说一不二，话一出口便是圣旨，但是能做到耳聪目明的没有几个，所以忠正之臣每次劝谏都是要冒杀头危险的。李世民每次都能忍住臣下直颜抗上的争论，即使是冒犯天威也能忍住怒气，仔细考虑大臣的谏辞，做出正确选择。

魏征原来本是太子李建成的人，他几次劝太子及早除掉李世民。"玄武门之变"后，李世民当众问魏征："你为什么离间我们兄弟？"在场的官员都为魏征提心吊胆，而魏征却从容不迫地回答："如果太子早就能够听从我的话，就不会有今天的祸患了。"这种回答，实在大逆不道。但李世民忍住了怒气，他深知尧犬吠舜的道理，反而很赞赏魏征的忠诚坦荡。后来魏征做了李世民的谏议大夫。

李世民就是这样，凡事先忍住怒气，再三权衡其中的道理，再做出处理决定。一次在朝廷上，魏征的直言进谏终于激怒了这位极有耐心的帝王，他回到后宫中仍然怒容满面，连连吼道："我一定要杀了这个乡巴佬！"

长孙皇后在弄清要杀谁之后，连忙退回宫中换了朝服出来，郑重地行完朝礼后向太宗祝贺："臣妾听说，君主圣明，臣子才能耿直。魏征敢犯龙颜，不卑不亢，无所畏惧，是因为万岁开明豁达，从谏如流，择善而从。不以逆耳之言而恼怒，不视直言之臣为仇敌。是非曲直，如冰炭之不同器；忠臣奸佞，如泾渭之分明。万岁深知，护短饰非，乃灭亡之道；兼听广纳，方为兴国之举。没有万岁的圣明，便没有魏征的率直；没有万岁的豁达，便没有宣政殿上忠臣的铮铮铁骨。妾与陛下结为夫妇，每有所言，必先看陛下脸色，不敢轻犯威严，魏征以一个臣子，竟敢如此抗言，其是社稷之臣！国有良臣，是明君之德；国有明君，是万民之福。臣妾代四方黎民百姓向陛下恭贺！"

长孙皇后的规劝，使李世民忍住了怒气，更加清晰地认识到"国之将兴，必用谏臣；如杀谏臣，国之将亡"。这就是李世民的"谏之忍"。

正因为李世民诸"忍"合一，才使得大唐人才云集，朝政如日中天。如此，李世民可算得是"忍"中大材了，又哪有不成功之理呢？

中国谋略可以根据其文化根源分为若干家，然而，这些谋略往往并不是独立存在的，相互融合才形成一种大智慧。李世民的诸"忍"合一，就是明证，这种做法不管在古代、现在，还是将来，都有其适用价值，因为这些做法并不违背人们的做事方法和原则。

楚庄王一鸣惊人

在传统社会里，有很多帝王将相自诩为善于韬光养晦，可又有几个能真正做到韬光养晦呢？"不鸣则已，一鸣惊人；不飞则已，飞必冲天"，说的是楚庄王的忍，他忍了三年，终于成为春秋五霸之一，可算得上是忍中高手了。

韬光养晦是一种大智慧，其实说穿了就是会忍。翻开历史仔细看看，许多帝王和有作为的人物都是非常善于韬光养晦的。他们审时度势，讲究策略，忍住尔虞我诈的官场倾轧，而后一举出奇计、建奇功。就连圣人孔子也十分推崇"忍"术，认为"小不忍则乱大谋"。

韬光养晦隐忍不发

在中国历史上，以韬光养晦而成大事的人物很多，楚庄王可算其一。他"三年不鸣，一鸣惊人"，先隐忍不发，甚至采取了自污以掩人耳目的做法，通过数年的暗中观察，弄清了朝中大臣的真实心理和才干，也锻炼了自己，增长了才干，为以后成就霸业奠定了基础。

在楚庄王继位之前，楚国经历了长期的混乱。楚庄王的爷爷楚成王企图争霸中原，被晋国在城濮之战打败，不久又祸起萧墙。起初，楚成王定商臣为太子，但后来楚成王发现商臣眼如黄蜂，声如豹狼，认为这样的人生性残忍，想改立太子。商臣是个十分有心计的人，他听到风声，就积极行动起来，率人冲进宫廷，要杀掉父亲自立。成王喜欢吃熊掌，这时红烧的熊掌尚未烧熟，成王请求等吃了熊掌再杀他，商臣说："熊掌难熟。"他怕夜长梦多，就催促成王上吊自杀，自己即位为楚穆王。

穆王死后由子侣即位，是为楚庄王。即位之始，他不问国政，只顾纵情享乐，沉浸在声色犬马之中。每逢大臣进宫汇报国事，他总是不耐烦地回绝，任凭大臣们自己办理。看到这种情况，朝中一些正直的大臣都感到十分着急，许多人都进宫去劝谏，可楚庄王不仅不听劝告，反而发了一道命令：谁再来劝谏，杀无赦。

三年过去了，朝中的政事乱成一团，但楚庄王仍无悔改之意。在这期间，他的两位老师斗克和公子燮攫取了很大的权力。斗克因为在秦、楚结盟中有功，楚成王没给他足够的报偿，就心怀怨愤。公子燮要当令尹未能实现，也心怀不忿，因此串通作乱。他俩派子孔、潘崇二人去征讨舒人，又把子孔、潘崇的家财分掉，并派人刺杀二人。刺杀未成功，潘崇和子孔就回师讨伐，斗克和公子燮竟挟持庄王逃跑。到庐地时，当地守将戢黎杀掉了他们，庄王才得以回郢都亲政。就是经历了这样的混乱，楚庄王仍不见有起色。

羽翼丰满一飞冲天

大夫伍参忧心如焚，再也忍不下去，冒死去晋见庄王。来到宫殿一看，只见庄王左手抱着郑国的姬妾，右手搂着越国的美女，案前陈列美酒珍馐，观赏轻歌曼舞。庄王看到伍参进来，当头喝道："你难道不知道我的命令吗？是不是来找死呢？"

伍参抑制住慌张，连忙赔笑说："我哪敢来进谏！只是有个谜语，猜了许久也猜不出，知道大王天生聪慧，想请大王猜一猜，也好给大王助兴。"伍参说：

高高山上有只奇怪的鸟，

身披鲜艳的五彩，

美丽而又荣耀，

只是一停三年，

三年不飞也不叫，

人人猜不透，

实在不知是只什么鸟！

当时的人喜欢说各种各样的谜语，称作"隐语"。人们多用"隐语"来讽谏或劝谏。楚庄王听完了这段话，思考了一会说："三年不飞，一飞冲天；三年不鸣，一鸣惊人。此非凡鸟，凡人莫知。"

伍参听后，知道庄王心中有数，就趁机进言道："还是大王的见识高，一猜就中，只是此鸟不飞不鸣，恐怕猎人会射暗箭哪！"楚庄子听后身子一震，随即就叫他下去了。

伍参回去后就跟大夫苏从商量，认为庄王不久即可觉悟。没想到几个月过去后，楚庄王越发不成体统了。苏从见状不能忍耐，就闯进宫去对庄王说："大王身为楚国国君，即位三年，不问朝政，如此下去，恐怕会像桀、纣一样招致亡国灭身之祸啊！"庄王一听，立刻竖起浓眉，抽出长剑指着苏从的心窝说："你难道没听到我的命令，竟敢辱骂我，是不是想死？"苏从沉着从容地说："我死了还能落个忠臣的美名，大王却落个暴君之名。如果我死能使大王振作起来，能使楚国强盛，我甘愿就死！"说完，面不改色，请求庄王处死他。

楚庄王凝视了几分钟，突然扔下长剑，抱住苏从激动地说："好哇，苏大夫，你正是我多年寻找的社稷栋梁之臣！"说完立刻斥退那些惊恐莫名的舞姬妃子，拉着苏从的手谈起来。苏从惊异地发现，庄

第一章
大材之忍

王虽三年不理朝政，但对朝中大事及诸侯国的情势都了如指掌，对于各种情况也都想好了对策。

原来，这是庄王的韬光养晦之策。他即位时十分年轻，朝中诸事尚不明白，也不知如何处置。况且人心复杂，尤其是若敖氏专权，他更不敢轻举妄动。无奈之中，想出了这么一个自污以掩人耳目的方法，静观其变。在这三年中，他默默地考察了群臣的忠奸贤愚，也测试了人心。他颁布劝谏者死的命令，也是为了鉴别哪些是甘冒杀身之险而正直敢言的耿介之士，哪些是只会阿谀奉承，只图升官发财的小人。如今他年龄已长，经历已丰，才干已成，人心已明，也就露出了庐山真面目了。

第二天，他就召集百官开会，任命了苏从、伍参等一大批德才兼备的大臣，公布了一系列的法令，还采取了削弱若敖氏的措施，并杀了一批罪大恶极的犯人以安定人心。从此，这只"三年不鸣"的"大鸟"开始励精图治，争霸中原。

在他开始着手治理楚国之时，楚国正遇上了大灾荒，四周边境又遭进攻。他在极其困难的条件下，击败了敌人的进攻，争取了巴、蜀等小国部族的归附，然后整顿内政，国家开始富强。他善于纳谏，改革政令制度，使楚国逐渐成为一个军事强国，终于成为春秋五霸之一。

楚庄王的韬光养晦并非在受到失败与挫折时才被迫进行的，而是为了更好地掌握未来而主动进行的，这尤其需要耐心、修养、智谋和胆识。

"诛权臣以立威，立官箴以悯民"，不仅是对人格修养的总结，也是对封建官场的处事经验的绝妙概括。如果能够把二者较好地结合起来，恐怕就会在任何逆境中游刃有余了。

"忍"中奇才康熙帝

康熙历来被人称为"少年天才"，我们不否认康熙身上有政治家的天赋，但康熙为了大业的那种忍的精神，的确值得后世许多人效仿。

康熙在中国所有的封建帝王当中，应该说是较有作为的。他8岁即位，16岁亲政，在内忧外患的8年间，一直采取了守势，也就是忍的策略。尤其是他以隐忍手段一举铲除鳌拜一事，更是把中国传统智慧中的隐忍韬略运用得炉火纯青。

八年忍耐擒杀鳌拜

顺治十八年二月五日，顺治帝福临病死。死前他把索尼、苏克萨哈、遏必隆和鳌拜四人招来，让他们做顾命大臣。这四个人也在顺治帝前宣誓，表示"协忠诚、共生死、辅佐政务"，"不计私怨，不听旁人及兄弟子侄教唆之言，不求无义之富贵"。但是不久，这四位大臣就忘记了他们的誓言。

四个顾命大臣当中，索尼年纪大，不久就病死了，遏必隆惟鳌拜之命是从，只有苏克萨哈是鳌拜的对头，因此被鳌拜陷害致死。这样，朝廷之上就只有鳌拜一党了。鳌拜号称"满洲第一勇士"，性格暴躁，为人武勇，极难制服。在他把持了朝廷大权以后，大肆捕杀异己。他

在朝廷之上专横跋扈、盛气凌人，经常当众与康熙大声争论乃至训斥康熙，直到康熙让步为止。在处置苏克萨哈时，鳌拜要将他凌迟处死，康熙认为他无罪，鳌拜就大声争执，康熙仍是不许，鳌拜竟捋起衣袖，上前要打康熙，康熙害怕，只得同意鳌拜把苏克萨哈凌迟处死。

面对鳌拜的专权跋扈，康熙决定除掉鳌拜。他知道如果下令捉拿鳌拜，自己肯定不是鳌拜的对手，于是只有采取忍耐之计，等待时机，创造条件。

一次，鳌拜称病不朝，康熙亲自去看望他。鳌拜躺在床上，卫士见他的神色有异，急忙向前检查，揭开被子，发现鳌拜身下藏着一把极其锋利的匕首。鳌拜当时极为紧张，卫士也不知如何处置，康熙却说："随身携刀是满族人的风俗，不必大惊小怪。"在不动声色之中稳住了鳌拜。

由于鳌拜专权，康熙久久不能亲政。除掉鳌拜，就成了当务之急。明捉不行，用什么办法才好呢？康熙终于想出一计。满族人喜欢摔跤，康熙就挑选了一些身体强壮的贵族少年子弟到宫中练习摔跤，自己也不时到摔跤房去练习。宫廷中的王公大臣以及后妃太监尽知此事，但都觉得少年心性，没有任何人怀疑康熙有什么其他的动机。在不知不觉之中，康熙的这支"娃娃兵"就练好了。在这期间，康熙还依照中国传统的"将欲夺之，必先与之"的做法，连连给鳌拜升官，不仅稳住了鳌拜，还使他放松了戒备。

一切终于准备就绪了，康熙先把"娃娃兵"布置在书房内，等鳌拜单独进见奏事时，他一声令下，"娃娃兵"一齐涌上，登时把鳌拜掀翻在地，捆绑牢靠，投入了监狱。在捉住鳌拜之后，康熙立即宣布了他的13大罪状，并组织人审判鳌拜、把鳌拜集团的首恶分子也一网打尽。不久，鳌拜死于狱中。

在对待鳌拜的问题上，康熙一忍再忍，直到时机成熟，才一举铲除了鳌拜，如果不是忍得不露声色，不要说开创"康熙盛世"了，性命能否保得住尚在两可之间。康熙擒住鳌拜，使得一些反应慢的大臣简直目瞪口呆。在这件事上康熙忍了八年，终于一举夺权，比"三年不鸣，一鸣惊人"的楚庄王的忍术还要高深。

以静制动平定三藩

康熙还面临的一个问题是平定"三藩"。满清入关不到二十年，人心并未归附，前明之思还在人们心中隐藏着，尤其是镇守云南的平西王吴三桂、镇守福建的靖南王耿精忠、镇守广东的平南王尚可喜，势力十分强大。尤其是吴三桂，勾结朝臣，收买心腹，对朝廷的钱粮大加挥霍挪用，在云南招兵买马，准备造反。当时内忧外患，使十几岁的康熙还无暇顾及。于是，只好忍下这口怨气，使吴三桂的气焰更加嚣张。康熙有自己的打算，他想，叛乱晚发生一天，就对自己有利一分，因为自己会一天天长大，而吴三桂则会一天天老下去，自己的准备也会越来越充分，能忍一天就忍一天。

康熙十二年，尚可喜年老多病，把藩事交于其子尚之信代理。尚之信掌权以后，残忍好杀而又多行不义，尚可喜受不了其子的挟持，便上书请求撤藩，要求告老还乡，并让其子袭爵。许多大臣都认为不宜撤藩，但康熙认为这是撤藩的大好时机，立即允许。

当时，吴三桂的儿子吴应熊在北京，听到这一消息后，立即飞马报告了云南的吴三桂，吴三桂又告知了福建的耿精忠，两人均感惊慌，因为他们害怕撤藩。在幕僚的劝说之下，吴三桂与耿精忠上书请求撤藩，说了一些"仰恩皇仁，撤回安藩"之类的话，其实际用意是在试探朝廷的态度，这一点，清廷大臣们一眼就看出来了。

围绕着是否撤藩这一问题，清廷展开了激烈的争论。绝大多数大臣找出种种理由来推搪，认为不可撤藩，其实只有一个原因，就是害怕吴三桂等人造反。只有兵部尚书明珠、刑部尚书莫洛等几个大臣主张撤藩。几次讨论，都未取得共识。这时，康熙十分决断地指出："三藩久握重兵，蓄谋已久，今撤也反，不撤也反，与其晚撤，不如早撤。只是一边撤藩，一边准备应战罢了。"于是，康熙派出使者，催促三藩快撤。

接到允许撤藩的诏书以后，吴三桂等人知道弄巧成拙，只好佯为恭顺，敷衍清廷使者，暗地里加紧反叛的准备工作。清廷的使者见吴三桂一味迁延时日，不愿离开云南，就要回去报告。吴三桂见已无法可想，就杀掉了使者和云南巡抚朱国治，悍然举兵叛乱。

康熙面对"三藩"之乱并不惊慌，而是首先确定正确策略，认为"三藩"之乱以吴三桂为首，其余多是胁从，若能击败吴三桂，其余叛军不难攻破或收服。这样，康熙就调兵遣将，重点向吴三桂进攻，对川、陕一带的胁从叛军，反复进行说服争取工作。康熙的这一招十分奏效，在不长的时间里，吴三桂就被分化瓦解，困在了湖南。他自知形势不好，赶快过一过皇帝瘾，撕下了"复明"的假面目，在衡山祭天，自称皇帝，改元昭武，改衡州为定天府。

这年八月，吴三桂病死。吴三桂死后，其孙即位，退据云南，后昆阳城破自杀。吴三桂被掘坟折骨。耿精忠、尚可信等人也早已被杀，川陕等地也已平定。两年后，历时八年之久，折腾了十多个省份的"三藩"之乱终于被彻底平定了。

在乎乱之中，康熙的英雄睿智表现在三个方面：一是坚决平叛，临乱不惊；二是方针正确，先攻吴三桂，分化收服其余叛军；三是调兵遣将，指挥得当。平叛过后，这位少年天子已经28岁了，到这时，他已成为一位较为成熟的政治家。

面对吴三桂的蠢蠢欲动，康熙仍然采取了忍的策略，只要吴三桂暂时不公开扯旗造反，就采取守势。如果康熙不是采取守势而直接向吴三桂进攻，这样便会出师无名，会落个逼反吴三桂的名声，在舆论上吴三桂便占了上风。由此看来，这种以静制动的策略再高明不过，而以静制动的实质则是以忍为基础的，康熙可谓深谙此理。看来，说康熙是忍中奇才真是名副其实啊！

> 康熙是忍才又是英才。鳌拜、吴三桂是世之枭雄，是他们造就了康熙。如果没有他们的存在，又不知康熙这位少年天子会怎样。看来，真正的才能在危难之间才会显现出来。

汉高祖刘邦以"忍"得天下

平民出身的汉高祖刘邦何以得天下？其中一个原因就是会忍：势不如人时，唯唯诺诺，忍住霸气，鸿门宴上，奴媚取欢，忍住怨气；求人用人时，口不应心，忍住怒气。刘邦就是凭着"忍"字精神战胜了"霸"气十足的项羽，开创了大汉三百年基业。

忍耐私欲远离财色

刘邦乃一个平民，生来不务农事，整日游手好闲，长到弱冠之年，仍是旧习难改。父亲就斥责他说："你是个无赖，要向你哥哥学一学。他分家不久就置了一些地产，你什么时候才能买地置房？"刘邦仍不觉悟，还经常带着一伙狐朋狗友到哥哥家吃饭。嫂子厉声斥责，刘邦也不以为意。一次，他又带朋友去吃，嫂子连忙跑进厨房，用铲子猛劲刮锅，弄出了震天的响声。刘邦一听，以为饭已吃完，自叹来迟，只好请朋友回去。没想到自己到厨房一看，锅灶上正热气腾腾，刘邦这才知道嫂子使诈。他长叹一声，转身而去，从此不再回来。刘邦也知自己不对，忍住怨气，不去责怪嫂嫂。

这是一些生活琐事，只能看出其性格特点，下面我们就看一看刘邦的忍功。

刘邦与项羽等同时起兵反秦，楚怀王约定先入关中者为王。由于刘邦一路未遇到秦军阻击，所以顺利攻入了关中。在攻克咸阳后，刘邦进入秦朝的宫殿，见到巍峨的宫殿、珍奇的摆设、成群的美女，像他这样的流氓，早已看花了眼，哪里还能想出什么？

将领樊哙突然闯进去吼道："你是想成个富家翁呢？还是想据有天下！"刘邦仍是呆呆地坐着，没有反应。樊哙又厉声斥责说："您一入秦宫，难道就被迷倒了不成？秦宫如此奢丽，正是败亡的根本，还是请您还军霸上，不要滞留宫中！"

这位从不知富贵为何物的大王也许真的被迷倒了，显出了一副无赖的本色，央求樊哙说："我觉得困倦，你就让我在这里歇一宿吧！"

樊哙找到张良，把刘邦入迷的情形告诉了他。张良十分明白。他来到秦宫，找到刘邦，慢慢地对他说："秦朝荒淫无道，您今天才能坐在这里，您为天下铲除残暴，应当革除秦朝的弊政，重新开始。现在才刚刚进入秦都咸阳，便想留在宫里享乐，恐怕秦朝昨天灭亡，您明天就要灭亡了！您何苦为了一时的安逸而功败垂成呢？古人有言说：良药苦口利于病，忠言逆耳利于行。您还是

听我的话吧!"

刘邦听到张良软硬兼施的话,就恋恋不舍地离开了秦宫。在财色面前刘邦善于隐忍,他想到了,自己忍得一时,成了大事,做了皇帝,会有比这更多的珠宝,会有比这更漂亮的美女。不然,以刘邦这样的好色之徒,在财色面前又怎能忍住呢?由此可见其忍的决心。

能屈能伸突破困局

刘邦抢先入了关中,可是项羽气势汹汹地兴师问罪。虽然刘邦的队伍已经发展壮大成为拥有十余万人的精锐之师,但与项羽比起来还是处于劣势。项羽驻兵鸿门,使刘邦又一次面临危难的境地。项伯出于和张良的个人情义,告诉张良项羽打算出兵对付刘邦。刘邦闻讯后,让张良邀请项伯入帐,以长者的礼节来招待项伯。项伯入内后,刘邦举酒为他祝寿,并与他约为儿女亲家。他对项伯说:"入关后,我秋毫无犯,登记官民,封存府库,等待将军的到来。至于派人把守函谷关,是为了防备其他强盗和意外情况。我日夜盼望将军的到来,怎么敢谋反?愿你详细地向项王说明,我是不敢忘恩负义的。"项伯答应了刘邦的请求,并让他第二天一早亲自去鸿门向项羽谢罪。

刘邦到了项羽的兵营,处处表现得挚诚恭敬,刚愎自用的项羽很快便落入了圈套,信口告诉刘邦:"这是你的部下曹无伤说的,不然我怎么能这样做呢?"当下,项羽留刘邦宴饮。席上的人各怀心事,范增几次暗示项羽杀了刘邦,以绝后患,可此时的项羽被刘邦的假象所迷惑,对范增的暗示毫无反应。范增只好安排项庄为刘邦敬酒祝寿,伺机在舞剑时击杀他。项伯看出了他的企图,也拔剑起舞,用身体保

第一章 大材之忍

护刘邦，使项庄找不到下手的机会。樊哙在张良的安排下闯入军帐，严正地申斥项羽："怀王曾与诸将约定：先破秦入咸阳者做关中之王。如今沛公先入咸阳，对财物秋毫无犯，封闭宫室，退军驻扎霸上，等待大王您到来。之所以派人守关，是为了阻止其他盗贼出入防备异常变故。沛公劳苦功高如此，您未有封侯之赏，却听信谗言，欲诛有功之人，这就是重蹈亡秦的覆辙，我私下里认为大王不应该这样做!"脾气暴躁的项羽竟然"未有以应"。

刘邦看到项羽已经动摇，便借口上厕所，离席外出。他丢下车辆骑兵，只身骑马，由部下樊哙、夏侯婴、靳强、纪信四个人持剑盾步行保护，抄小路偷偷回到霸上军中，留下张良替刘邦献上礼物并告辞谢罪。试想，如果刘邦此时不忍，而与项羽争锋，不用说一统天下，或许早就身首异处了。

项羽巨鹿之战一举荡平秦军，成为天下无敌的英雄，他分封诸王，只给了刘邦一个小小的汉王，所受封地也贫瘠荒凉。不仅如此，项羽还派了三个秦朝降将带兵牵制刘邦。如按楚王之约，刘邦本为汉中王，现在封地变了，于是大怒要与项羽拼命，在众谋士的劝说下他又忍住了，并且休养生息，后终于成就了大业。如果当时刘邦不忍，而冲动地带兵与项羽交战，胜负可想而知。

刘邦在与项羽争夺天下的过程中，只凭自己的力量肯定打不过项羽，于是他派人给韩信、彭越下令，要他们率领所部人马齐聚垓下，一道包围项羽。这时，韩信派使向刘邦请示，要做齐地的"假王"。刘邦不由发怒，骂之不绝。这时，身边张良赶忙拉了他一下，向他陈述眼下正值用人之际，不可因此而伤了和气，于是他又马上换了口气："大丈夫领兵打仗，立了大功，做什么假王，要做就做真王。"他马上派张良带着齐王印绶去加封韩信。韩信做了齐王后，带兵直击垓下，最终导致项羽失败自刎。刘邦原本大怒，但经人提醒，他又忍了，想到小不忍则乱大谋，眼下胜负未分，以忍为贵，最终取得了决定性胜利。

刘邦一统天下，做了大汉皇帝，匈奴犯边，他为扬国威，亲率大军北上以拒匈奴。哪知匈奴不仅善战而且计多，设计将刘邦困于白登山，后用陈平之计才得以脱身。由于实在想不出更好的办法来抑制匈奴，于是刘敬提出了和亲之策。刘邦以为不可行，天朝大邦向番夷部落和亲求和，有失朝威，咽不下这口气，可又打不过，只好用了刘敬之策，从后宫挑了宗室之女，送与匈奴和亲，这样最终稳住了边疆。以和亲治天下太平，这也不失为高明之策，如果刘邦不忍，再怒而兴师，很有可能还会重演白登被围的悲剧。

> 这就是能屈能伸、能忍能张的刘邦。正因为如此，他得了天下，而项羽却不能。项羽不能忍。垓下一战大败，他本可东渡乌江，休养生息后，卷土重来，但项羽忍不下这口气，更忍不住败军之辱，"生当作人杰，死亦为鬼雄。"而刘邦则不然，恰好与之相反，什么都能忍，如此，流氓无赖得天下也就不足为怪了。

萧何伴君与"虎"共舞

在中国传统社会里，为臣之道有多种，但其中最重要的就是不要权大压主、功高震主、才大欺主。如果引起了君主的怀疑和恐惧，那就自身难保了。要想自保，就得忍住权欲，推诿功劳，隐藏才气。总之，一句话就是要有隐忍性，不要锋芒毕露。

都说伴君如伴虎，可偏偏也有与"虎"共舞的高手。萧何就是最有代表性的一位。历史的规律是"飞鸟尽，良弓藏；狡兔死，走狗烹"。萧何深知伴君的危险，面对刘邦的猜疑，忍得巧妙，隐得机警。

忍住怨气免生祸端

汉朝的开国功臣萧何是刘邦当泗水亭长时的相识。当时，亭长负责处理乡里较小的诉讼案件，遇有大事，便向县里详细汇报，因此与县中官吏十分熟悉。萧何是沛县功曹，与刘邦同乡，又十分熟悉法律，刘邦对他就格外尊重和信服，因此，刘邦每有什么处理不当的事，萧何就从旁指点，也代为掩饰通融，两人的关系就越来越密切。刘邦斩蛇起义以后，萧何一直跟随，刘邦差不多对他言听计从，楚、汉相争乃至汉朝开国的大政方针，几乎无不出于萧何之手，萧何可谓劳苦功高。刘邦长年在外战争，萧何留在汉中，替刘邦镇守根本之地，并兼供给粮草兵丁。萧何很善治理国家，不久就"汉中大定"，百姓皆乐意为萧何奔走，萧何对刘邦的粮草供应也很充足及时。

当然，刘邦对萧何也不是毫无防备之心，但他能较好地处理。

汉三年（公元前204年），楚、汉两军在荥阳（今河南荥阳东北）、成皋（今河南荥阳汜水镇）一线对峙，战斗异常惨烈。但刘邦却接连派出数批使臣返回关中，专门慰问萧何，对此，萧何未加注意。门客鲍生却找到萧何说："现今，汉王领兵在外，风餐露宿，备尝辛苦，反而几次派人前来慰问丞相，这是对丞相产生了疑心。为避免生出祸端，丞相不如在亲族中挑选出年轻力壮的，让其押运粮草，前往荥阳从军，这样一来，汉王就不会有疑心了。"

萧何一心为国，却受到刘邦的无端猜疑，他清楚刘邦的为人。忍住怨气，依门客之计而选派了许多兄弟子侄押着粮草，前往荥阳。刘邦听丞相运来了军饷，并派不少亲族子弟前来从军，心中大悦，传令亲自接见。当问到萧丞相近况时，萧家子弟齐道："丞相托大王洪福，一切安好，但常念大王栉风沐雨，驰骋沙场，恨不得亲来相随，分担劳苦。现特遣臣等前来从军，愿大王录用。"刘邦非常高兴地说道："丞相为国忘家，真是忠诚可嘉！"当即，召入部吏，令他将萧家子弟，量才录用。对萧何的疑虑，也因此而解。后来刘邦还曾多次对萧何有所疑虑，都被萧何巧妙地化解了。

自污名声化解猜疑

汉十年（公元前197年）九月，刘邦率军北征陈豨。韩信乘机欲谋为乱。吕后闻知后，在萧何的帮助下，设计擒杀了韩信。刘邦得知后，便遣人返回长安，拜萧何为相国，加封为五千户，并赐给了他五百人的卫队。众臣闻讯，纷纷前来祝贺，独召平前来相吊。

召平是个非常有见解的人，秦时为乐陵侯，秦灭后沦为布衣，生活贫困，靠在长安东种瓜为生，因所种瓜甜，时人称为乐陵瓜。萧何入关后，闻召平有贤名，才将其招致幕下。召平来到相府，对萧何说："公将自此惹祸了！"萧何一惊，忙问："祸从何来？"召平道："主上连年出征，亲冒矢石，只有您安守都城，不冒风险。今韩信刚欲反长安，主上又生疑心。给公加封，派卫队卫公，名为宠公，实则疑君，这不是大祸将临了吗？"萧何听后，恍然大悟，急问："君言甚是，但如何才能避祸？"召平说："公不如让封勿受，并将私财取出，移做军需，方可免祸。"萧何点头称是，于是，他只受相国职衔，让还封邑，并以家财佐军。刘邦听后，疑心稍解。

权倾天下乃是一种荣耀，财宝充盈乃是一种富贵。萧何为了化解刘邦对自己的猜疑，在权力、财宝面前忍住了，这实是自保之大计。

汉十一年（公元前196年）七月，淮南王英布反，刘邦又移兵南征英布。其间，多次派使回长安，问相国近来做何事。使臣回报说："因陛下忙于军务，相国在都抚恤百姓、筹办军粮等。"有个门客听说了这件事，找到萧何说："您离灭族不远了。"萧何顿时大惊失色，不知为何。客又接着说："公位至相国，功居第一，无法再加了。主上屡问公所为，恐公久居关中，深得民心，若乘虚而动，皇上岂不是驾出难归了？今公不察上意，还勤恳为民，则更加重了主上的疑心，试问如此下去，大祸岂不快要临头了吗？现再为您着想，您不如多购田宅，强民贱卖，自毁贤名，使民意说您的坏话。如此，主上闻知后，您才可自保，家族亦可无恙。"萧何照计施行，刘邦得知后，方安下心来。

刘邦平定英布后返回长安，途中有不少百姓拦路上书，状告萧何强买民田。萧何入宫见驾，刘邦将状纸一一展示给萧何看，笑道：

"相国就是这样办利民的事的吗？愿你自向百姓谢罪。"萧何见刘邦无深怪之意，退下后，将强买的田宅，或补足价格，或退还原主，百姓怨言渐渐平息，刘邦也因此获得了好名声。

> 萧何善忍，宁可背上恶名也再所不惜，这实在是一种大智慧。和韩信相比，萧何功不及韩信，却能善终落得好结果，相信人们会从中悟出端倪。

廉蔺忍让将相和

时下，"忍"之风盛行，但何谓真正的"忍"？人们却也未必了然，从蔺相如与廉颇的"将相和"或许能悟出些道理。

中国有句古训，叫"退一步海阔天空"。在很多情况下，忍让往往是克敌制胜的法宝。不管是真的忍让，还是一种策略，总之，善于忍让的人不管是在官场上或是为人处世，更容易纵横捭阖，左右逢源。其实，历史经验还是值得借鉴的！

蔺相如完璧归赵

赵国末期，秦国越战越强，与其余六国的势力相比占有明显的优势，除赵国外，其余五国均不是秦国的对手了。只有赵国，一方面是

由于赵武灵王的改革，奠定了较为坚实的基础，一方面也是由于大将廉颇和国相蔺相如的拼力苦战。若无廉、蔺合作，恐怕赵国早就不复存在。因此，司马迁在写《史记》时专门收录了《廉颇蔺相如列传》，其评价之高，足见一斑。

廉颇成为大将，是攻城野战之功，而蔺相如成为国相，则是由于完成了两次重大的外交使命。秦国曾接连不断地攻打赵国，可总未得逞，特别是大将廉颇，更难击败。于是，秦王就想采取其他办法来挟制赵国，假意跟赵国交好，再用外交手段把赵国置于被动地位。

一次，秦国听说赵国得到了楚国的稀世珍宝"和氏璧"，就派使者去对赵王说，秦国愿意以15座城池的代价换取赵国的"和氏璧"，这使赵国十分为难。

赵国倒不是爱惜这块玉，而是因为秦国历来不讲信义，赵国怕白白受骗还要被人耻笑。如果不给秦国这块玉，又怕给秦国把柄，他们要发兵来打，真是进退两难。正在这时，宦官缪贤推荐说："我家有个叫蔺相如的门客，智勇双全，可以让他想想办法。"赵王无计，也只好叫他来问问。

赵王问道："秦王要用15座城来换赵国的和氏璧，给还是不给?"蔺相如说："秦强赵弱，我们不能回绝。"赵王又问："若秦收了和氏璧，又不给我们城池，那时怎么办呢?"蔺相如说："秦国提出要求，若是不答应，是赵国理亏；若是秦国收了赵国的玉璧，不给城池，那就是秦国理亏了。比较起来，我看还是后一种办法好。如果大王实在没有人可以派遣，我可以勉强充数。如果秦王把城划给我们，我就把璧留在秦国，如果他们不愿交出城池，我就'完璧归赵'。"赵王觉得蔺相如口才敏捷，虑事周密，就派他去了秦国。

秦昭襄王在宫里接见了蔺相如。蔺相如双手把璧捧上去，秦王看了又看，然后随手传给宫女、妃子观看，大家都赞不绝口，齐声向秦王道贺。蔺相如站在堂下，过了许久，也不见秦王提起交割15座城池的事，知道秦王存心欺诈，就按预先想好的计策说："璧上有点小毛病，不经指示，很难看出，请让我指点给大家看。"秦王没有防备，就把璧递给了蔺相如。

蔺相如接过玉璧，立刻靠近大殿的柱子，大声对秦王说："大王想得到这块玉璧，差人去向赵王索要，赵国的大臣们都认为秦国贪得无厌，又不讲信义，只是仗着强大，就想靠几句空话骗取赵国的玉璧，所以大家都反对给您送和氏璧来。但我以为普通百姓交往尚且讲究信义，何况大王是一大国的君主呢？而且仅仅为了一块无用的玉璧，伤了秦、赵两国的和气，也是不值得的。赵王听信了我的话，才沐浴斋戒了5天，亲自在朝堂上把国书和玉璧交给我，让我奉送到秦国，这是多么恭敬的礼节啊！可我来到秦国，把玉璧奉献给大王，大王却傲慢无礼，态度随便，而且把美玉交给宫女传观，这是污辱赵国；您绝口不提交割城池的事，这是无意偿还城池。所以，我把玉璧要了回来。现在，玉璧在我的手里，您如何一定要强迫我，那我就让我的头颅和玉璧一起撞碎在这柱子上。"说完，眼睛斜看着柱子，准备猛砸。

秦王生怕他砸毁了玉璧，连忙向他赔礼道歉，并让人拿来地图，指点着说从某某地到某某地的15座城归赵国。蔺相如知道秦王并非出于真心，也就来个缓兵之计。他对秦王说："秦王既然喜爱和氏璧，赵国不敢不献。只是赵王送璧前曾沐浴斋戒5日，表示恭敬，大王也该沐浴斋戒5日，才能接受和氏璧。"秦王看看没有办法，只好答应。

蔺相如回到官舍，连忙做了周密布置，派人穿着麻衣布衫，化装成老百姓，偷偷地揣着和氏璧从小道逃回了赵国。

过了五天，秦王在朝廷上举行了隆重的仪式，准备接收和氏璧。蔺相如走上秦廷，张开双手对秦王说："秦国自秦穆公以来，已历二十几位国君，从没听说过哪位国君讲过信义。我也怕受了您的骗，连

忙派人把宝玉送回赵国了。赵国是弱国，秦国是强国，只要秦王是真心诚意地用15座城池来换赵国的和氏璧，赵国是不敢不答应的，只要派一个使臣去，赵国马上就会送和氏璧来。过去孟明视欺骗了晋国，商鞅欺骗了魏国，张仪欺骗了楚国，如今，我不愿大王再背上欺骗赵国的坏名声，所以把玉璧先送回赵国。算我欺骗了大王，就请大王治我的罪吧！"

秦王和大臣们听罢，十分愤怒，但看看蔺相如毫无惧色的样子，也无可奈何，即使杀了蔺相如也是无用，反落下恶名，不如放了蔺相如，倒显得秦国宽容大度。就这样，蔺相如"完璧归赵"，既保全了赵国的玉璧，又未给秦国落下把柄，蔺相如也因之声誉鹊起。

四年后，秦昭襄王派使者约会赵惠文王在渑池（今河南渑池县）相会，赵王怕像当初的楚怀王那样做了秦国的人质而不敢去。廉颇和蔺相如都认为如果不去，既会变得被动，又会被秦王看不起。因此，赵惠文王就准备去一次，让蔺相如跟从，廉颇在国内辅佐太子。

赵王与秦王在渑池相会，酒酣耳热之后，秦王对赵王说："听说赵王精通音乐，请为我弹一弹瑟。"赵王无法推辞，只得忍气吞声地弹了一下瑟。秦王立刻让史官记道："某年某月某日，秦王与赵王会饮，令赵王鼓瑟。"

赵国还未灭亡，秦国就把赵国当属国看待，居然把弹瑟的事记入历史，实在是奇耻大辱。但赵王只是气恼，却想不出报复的办法。这时，只见蔺相如端着一只瓦盆，走到秦王面前说："听说大王善于击缶，请为赵王击一次缶。"秦王立刻震怒，不去理他。秦王的卫士想去杀了他，都被蔺相如大声喝退。他对秦王说："大王的军队虽多，在这里却用不上，在这五步之内，我就可以血溅大王。"秦王看看没有办法，如不击缶，蔺相如就要扑过来厮杀，只好击了一下缶。蔺相如立命赵国史官记道："某年某月某日，秦王为赵王击缶。"

忍经

秦国的大臣看见伤了秦王的面子，就想法挑衅说："请赵王割15座城为秦王祝寿。"蔺相如针锋相对地说："请秦王割咸阳城为赵王祝寿。"在整个宴会上，双方展开了激烈的外交斗争，虽然秦国时时发起进攻，但蔺相如以牙还牙，毫不退让，秦国始终没有得到丝毫的便宜，同时，秦国得到密报，赵国已在边境上集结了大军，做好了准备，秦国也就未敢轻举妄动。

廉颇负荆请罪

在秦、赵两次重大的外交斗争中，蔺相如甘冒生命危险保全了赵国的尊严。为了答谢他的功劳，赵王拜他为上卿，职位比廉颇还高。廉颇很不服气，到处对人说："我身为赵国大将，有攻城野战之功，蔺相如徒以口舌为劳，而官居我之上，况且相如出身卑贱，我感到羞耻，不愿官居其下。如果碰见了他，必定要当面污辱他。"

对蔺相如来说，这些话确实是很让人气愤的，但他好像没有听说一样，几次驾车出门，远远地看见廉颇，为了避免碰见，就早早地躲开了。这样时间一久，连蔺相如的门客从人都觉得太窝囊，忍受不了。他们对蔺相如说："我们背乡离井，不远千里投到您的门下，是因为仰慕您的为人。如今，您的官位比廉颇要高，反倒这样惧怕他，真不知是什么原因。您这样胆小懦弱，连我们都感到羞耻，还是让我们回家算了。"

蔺相如不慌不忙地问众人说："各位看廉将军与秦王比起来，哪个更可怕？"众人都奇怪地说："廉将军当然没有秦王可怕！"蔺相如又说："这就对了。试想秦王那么强大，各国诸侯都畏之如虎，我却敢在朝廷上当众责骂他。我蔺相如虽然没有什么大本领，还不至于如此惧怕廉将军。只是我考虑到，强横的秦国之所以不敢来侵犯我们赵

第一章
大材之忍

国，其原因就在于我们两人能够同心协力地对付秦国。如果我们两人争斗起来，那就必定给秦国造成可乘之机。我之所以这样对待廉将军，是以国家的安危为重，不计较个人的私仇啊！"

这些话很快就传到了廉颇的耳朵里。廉颇听后恍然大悟，既感动又惭愧。廉颇是个正直坦诚的人，一旦悔悟，就真诚地改过。为了表示自己的诚意，就赤裸上身，背着用刑的荆杖，到蔺相如的门上"负荆请罪"。他跪在蔺相如的门前说："我是个没有见识而又气量狭小的粗人，没想到您能宽恕我，请您责打我吧！"蔺相如也很感动，亲自把他扶起来。从此"将相和"，两人更加相互理解尊重，结成生死之交。

就因为有这样的两个人，秦国在其后的十年内，未敢出兵攻打赵国。蔺相如以柔与谦制胜，因而名垂青史。在这里，谦让制胜恐怕不仅仅是一种权术，主要还是由个人的思想水平和道德修养所决定的，但必须看到的是，谦让要有一定的条件，谦让者必须有坚强厚实的智能、品德、权位和实力作后盾，否则就成了被迫退让。其次，还要看谦让的对象。如果对方是一时糊涂的明理之人，固然不妨谦让；如果对方是得寸进尺或是愚顽不化的小人，谦让就等于退缩了。

谦让不是逃避，而是以退为进，以柔克刚。从本质上来讲，它还是一种策略。只是如果运用得高明，运用得不露痕迹，就会使人觉察不到是在使用策略，而只会使人感觉到一种高尚的道德境界。然而，现实中的绝大部分谦让，似乎只是为了自保或是将来取得更大的利益，起码是迫不得已，与蔺相如为了国家的利益而谦让，岂止是霄壤之别！

隐忍圣者曾国藩

　　毛泽东评价曾国藩是"地主阶级最厉害的人物"；蒋介石说曾国藩足可做他的老师；梁启超几乎目空天下，独对曾国藩青睐有加。面对天子的手谕，曾国藩能忍；面对清廷半壁江山，不起异心，曾国藩能忍；权倾朝野功高震主时，曾国藩主动交出部分权力，化解了皇上的猜疑，也能忍。由此可见，曾国藩的隐忍功夫，实在应该学一学。

谦仰包容左宗棠

　　曾国藩十分善忍，这是极其著名的。在曾国藩眼里，忍并不是一时退让，而是寻求时机的一种策略。曾国藩起自耕读之家，要想成一番大事，绝非易事。曾国藩在攻打太平军 12 年的历程中，数次战败，两次投水自杀，还有一次因害怕李秀成的大军袭来而数日悬刀在手，准备一旦兵败，即行自杀。他虽然忠心耿耿，还是屡遭疑忌。在第一次攻陷武汉之后，捷报传到北京，咸丰皇帝赞扬了曾国藩几句，但咸丰身边的近臣说："如此一个白面书生，竟能一呼百应，攻克武汉，并不一定是国家之福。"咸丰听了，默然不语。曾国藩也知会遭人疑忌，便借回家守父丧之机，带着两个弟弟回家，辞去一切军事职务。过了近一年，太平军进攻盛产稻米和布帛的浙江，清廷恐慌，又请他出山，并授他兵部尚书衔头，有了军政实权。不久，慈禧太后专权，认为满人无能，就重用汉人，为曾国藩掌握大权提供了一个重要的历史契机。

1862年，曾国藩被授以两江总督节制四省军政的权力，巡抚提督以下均须听命，不久又赐以太子太保头衔，兼协办大学士。自此以后，曾国藩在清廷中有了举足轻重的位置。

曾国藩激流勇退的方式进一步获得了清廷的信任，取得了大权，在进攻太平军胜利以后，他仍然小心翼翼。由于曾国藩的湘军抢劫吞没了很多太平军的财物，使得"金银如海、百货充盈"的天京人财一空，朝野官员议论纷纷，左宗棠等人还上书弹劾，曾国藩既不想退出财物，也不能退出财物，在进京之后，忙做了四件事：一，因怕权大压主而退出了一部分权力；二，因怕湘军太多引起疑忌而裁减了四万湘军；三，因怕清廷怀疑南京的防务而建造旗兵营房，请旗兵驻防南京，并发全饷；四，盖贡院，提拔江南士人。

这四策一出，朝廷上下果然交口称誉，再加上他有大功，清廷也不好再追究什么。曾国藩以忍取得了清廷的信任，清廷又加恩赏以太子太保衔，赏双眼花翎，赐为一等侯爵。

曾国藩的忍还体现在对待朋友上，他和左宗棠的交往，不能不让人赞叹。曾国藩为人拙诚，语言迟讷，而左宗棠屡恃才傲物，自称"今亮"，语言尖锐，锋芒毕露。左宗棠屡试不中，科场失意，蛰居乡间，半耕半读。咸丰二年，已是四十一岁，才由一乡村塾师佐于湖南巡抚张亮基。咸丰四年三月又入湖南巡抚骆秉章幕，共达六年之久。曾左两人虽非同僚，却同在湖南，常有龃龉。

咸丰四年四月，曾国藩初次出兵，败于靖港，投水自尽未遂，回到省城，垂头丧气，左宗棠从城中出来，到船上探望曾国藩，见他气如游丝，责备他说国事并未到不可收拾的地步，速死是不义之举。曾

国藩怒目而视，不发一言。咸丰七年二月，曾国藩在江西瑞州营中闻父丧，立即返乡。左宗棠认为他不待君命，舍军奔丧，是很不应该的，湖南官绅也哗然应和。第二年，曾国藩奉命率师援浙，路过长沙时，特登门拜访，并集"敬胜怠，义胜欲；知其雄，守其雌"十二字为联，求左宗棠篆书，表示谦仰之意，使两人一度紧张的关系趋向缓和。如果不是曾国藩采取以德报怨的态度，用柔和的心态包容刚硬的左宗棠，大清历史上的两位儒将，势必会交恶难辨，大清江山的左膀右臂将自相残杀。

特别能显示出曾国藩宽柔性格的，是咸丰十年对左宗棠的举荐。当时左宗棠因性格暴躁，遭人弹劾，处境艰难。左宗棠来营暂避锋芒，曾国藩热情地接待了他，并连日与他商谈。曾国藩上奏说："左宗棠刚强英明，吃苦耐劳，通晓军机。当现在正需用人之际，或饬令他为湖南团防，或选拔做藩司、臬司等官，让他管理地方，使能安心任事，定能感激涕零，报效朝廷，有益于时局。"曾国藩在左宗棠极其潦倒的时候，伸出了援助之手。同治二年三月十八日，左宗棠被授命任闽浙总督，仍署浙江巡抚，从此与曾国藩平起平坐了。三年之中，左宗棠由一个被人诬告、走投无路的士子，一跃而为疆吏大臣，这样一日千里的仕途，固然出于他的才能与战功，而如此保举，也只有曾国藩才能做到。这件事充分表现了曾国藩性格的宽柔。据说在西北大营中，一天，左宗棠与幕宾们闲谈，他问："人家说曾左，不说左曾，这是为什么？"没等大家回答，一个少年抢着说："曾国藩是心目中时刻有左宗棠，而左宗棠的心中从来没有曾国藩，只此一点，就可以知道天下人为什么说曾左而不就左曾。"此话一出，大家都非常震惊，把目光一齐投向了左宗棠。左宗棠不但没有发怒，而且来到少年面前，语调沉重地说："先生之言是也。曾公生前，我常轻之，曾公死后，我极重之。"愧疚之情溢于言表。曾国藩对朋友之忍，换来了朋友的敬重同僚的赞赏。

忍住异心不取帝位

最能体现曾国藩能忍的当属他为臣子，不问鼎之轻重，这也是他能成大事的原因之一。

在曾氏兄弟满门封侯、大功告成之日，本该是静思谦退，保泰持盈的时候，而这时，偏偏有些人在势盛之时，头脑发热，让欲望的火焰障住了双眼，总想再越雷池一步。当时风行一时的"劝进"浪潮，着实给曾国藩出了一道难题。曾国藩在这股浪潮面前忍住了。

有笔记记载，南京城破后的一天晚上，湘军的高级将领约有三十余人忽然云集大厅，请见大帅。中军向曾国藩报告，曾国藩即问"九帅（即其弟曾国荃）有没有来"，中军复以未见九帅，曾国藩即传令召见曾国荃。曾国荃是攻破南京的主将，这天刚好生病，可是主帅召唤，也只好抱病来见。曾国藩听到曾国荃已到，才整装步入大厅，众将肃立，曾国藩态度很严肃，令大家就座，也不问众将来意，众将见主帅表情如此，也不敢出声。如此相对片刻，曾国藩乃命随员去拿纸笔，随员进以簿书纸，曾国藩命换最好的大红纸，就案挥笔写了一副对联，掷笔起身，一语不发，从容退入后室。众将莫之所措，屏息良久，曾国荃乃趋至书案前，见曾国藩写了十四个大字：倚天照海花无数，流水高山心自知！

曾国荃读此联时，起初好像很激动，接着有点凄然，最后则是惶然。众将围在曾国荃之后，观读联语，有点头的，有摇头的，有叹气的，有热泪盈眶的，各式各样表情不一，然后曾国荃用黯然的声调对大家宣布说："大家不要再讲什么了，这件事今后万万不可再提，有任何枝节，我曾九一人担当好了。"

这段笔记显示了南京城破后湘军确有拥立曾国藩为帝的一幕，可是这种非常之举是成则为王、败则诛杀九族的危险举动，所以谁也不敢明言说出口。曾国藩明知众将来意，只用十四字联语作答，相互之间都不点破。

其实，早在安庆战役后，曾国藩部将即有劝进之说。曾国藩的门生彭玉麟署理安徽巡抚，力克安庆后，曾遣人往迎曾国藩。在曾国藩所乘的坐船犹未登岸之时，彭玉麟便遣一名心腹差役，将一封口严密的信送上船来，于是曾国藩便拿着信来到了后舱。但展开信后，见信上并无上下称谓，只有彭玉麟亲笔所写的十二个字：东南半壁无主，老师岂有意乎？

这时后舱里只有曾国藩的亲信倪人皓，他也看到了这"大逆不道"的十二个字，同时见曾国藩面色立变，急不择言地说："不成话，不成话！雪琴（彭玉麟的字）他还如此试我。可恶可恶！"接着，曾国藩便将信纸搓成一团，咽到了肚里。

王闿运是湖南湘潭人，二十几岁开始研究经学，对《春秋公羊传》尤有深入研究，想用纵横之术来辅助识时务之人成帝王之业。他曾三度至曾国藩驻地探视，并参与谋划，也曾游说曾国藩、胡林翼与太平军"连横"反清。一次，王闿运入曾府，与曾国藩喋喋而谈，其意也是"彼可取而代之"的意思。但曾国藩却正襟危坐，以食指蘸杯中茶水，在茶几上点点划划。不多时，曾起立更衣。王闿运站起窃视茶几，只见上面依稀有个"妄"字。

还有传说，曾国藩寿诞，左宗棠有一联，用鹤顶格题神鼎山，联说："神所凭依，将在德矣；鼎之轻重，似可问焉！"左宗棠写好这一联后，便派专差送给胡林翼，并请代转曾国藩，胡林翼读到"似可问焉"四个字后，心中明白，乃一字不改，加封转给了曾国藩。曾阅后，乃将下联的"似"字用笔改为"未"字，又原封退还胡。胡见到曾的修改，乃在笺末大批八个字："一似一未，我何词费！"曾国藩改了左宗棠下联的一个字，其含意就完全变了，成了"鼎之轻重，未可问焉"。所以胡林翼有"我何词费"的叹气。

此事对曾国藩来说，不乘势而进是隐忍，顶住众人压力是勇敢，这进退去从之间谁能分辨得清，谁又能把握得好呢？

> 曾国藩宦海多年，忍住了异心。他不能做董卓、曹操、王莽、赵匡胤。由于曾国藩的忍使得他恪守名分，也就有了今天的曾国藩。如果当初曾国藩不忍，其不知历史上将会出现一个怎样的曾国藩。

第二章　忍辱负重

　　孟子曾说："故天将降大任子斯人也，必先苦其心志，劳其筋骨，饿其体肤，空乏其身，行拂乱其所为，所以动心忍性，增益其所不能。"不管孟子的说法是迷信说法还是有一定的科学依据。总之，的确如他所言，历史上往往有一些人身心、肢体、思想倍受摧残，却坚忍处之，终究作出了一番事业。因为他们心中有一股业未就、志不衰的忍劲，实在是后人做人做事的典范。

勾践卧薪尝胆

屈辱之忍，往往能造就出大才。越王勾践，从一国诸侯王沦落为奴仆，为人养马，给人尝便，忍下了这番屈辱，终于复国成功，给后人留下了一则自励上进的成语——卧薪尝胆。

勾践之忍，在中国历史上是出了名的，他最终也没有白忍，终于大仇得报。其实，这本算不上什么报仇不报仇，诸侯国之间相互蚕食攻伐在春秋战国时是很正常的事，这里所要探究的是勾践的忍，而最终凭此成就了复国大业。

忍辱为奴终脱困

勾践之忍，分两个阶段，一是在吴国为奴时。

吴越两国本为邻邦，吴国发兵攻越结果大败而归，国王阖闾受伤而亡，这样两国就结下了仇怨。其实，这种仇怨的实质并非什么国恨家仇，实则是双方都想吞并对方来扩大自己的领土，增加国势而已。

阖闾死后，他的儿子夫差继位。为了替父报仇，他丝毫没有懈怠，经过两年的准备，吴王以伍子胥为大将，伯嚭为副将，倾国内全部精兵，经太湖杀向越国而来。越国一战即败，勾践走投无路，后来走伯嚭的门路达成了议和。

第二章 忍辱负重

议和的条件是，勾践和他的妻子到吴国来做奴仆，随行的还有大夫范蠡。夫差让勾践夫妇到自己的父亲吴王阖闾的坟旁，为自己养马。那是一座破烂的石屋，冬天如冰窟，夏天似蒸笼，勾践夫妇和大夫范蠡一直在这里生活了三年。夫差出门坐车时，勾践还得在前面为他拉马。每当从人群中走过的时候，就会有人讥笑："看，那个牵马的就是越国国王！"

这实在是够能忍的了，由一国之君变成奴仆忍了，到为人养马备受奴役忍了，而他之所以会强忍着这所有的一切屈辱，为的就是日后的崛起。勾践面对一切屈辱，从容自若，因为他自己非常明白：目前的情况只有忍辱，才有可能日后东山再起；如果不忍，不要说东山再起，恐怕连命都保不住。

勾践不但能忍，而且还善工心计，他抓住了吴国君臣贪财好色的弱点，让留在国内的大夫文种不断地向夫差进贡一些珍禽异兽、瑰宝美女，同时还不断给伯嚭送些贿赂。伯嚭得了越国的贿赂，不断地在夫差面前为勾践说情，夫差对勾践也产生了好感。勾践这一着的确厉害，他以忍来激励自我，同时还用计使吴国君臣纵情声色，荒废朝政。

后来有一个绝好的机会为勾践回国创造了条件。夫差病了，勾践为表忠心，在伯嚭的引导下去探视夫差，正赶上夫差大便。待夫差出恭后，勾践尝了尝夫差的粪便，便恭喜夫差，说他的病不久将会痊愈。这件事在夫差放留勾践的态度上起了决定性作用。或许是勾践真的懂得医道，察言观色能看出夫差的病快好了，或许是上天垂青勾践，总之，夫差的病真的好了。勾践此时已彻底取得了夫差的信任，夫差见勾践真的顺从自己就把他放了。

勾践在这件事上所表现出来的忍辱的确是一般人做不到的。我们不排除勾践是想尽一切办法回国，就其这种行为的确让人自叹弗如。纵观这一时期勾践的忍，是极其恭顺的忍。因为勾践很明白，这种为人奴仆的生活可能是茫茫无期，也可能近在咫尺，完全取决于夫差。只要夫差高兴，对自己所做的事满意，那么自己有可能会提前获得自由，所以勾践极尽恭顺讨好夫差。

卧薪尝胆终复仇

勾践的忍性的第二个阶段是回国后的忍。

这一时期勾践的忍是怀着极其强烈的报复心理的忍耐。勾践的性格原来也是很残暴的，仅有一例就可以说明：当他刚刚继承王位时，吴王阖闾带兵来伐，兵临城下，他命人组成一群敢死队，皆袒胸露乳，手提利刃来到阵前，面对吴兵，切开胸腹，将肠胃等物尽皆取出。勾践用这种办法吸引吴兵注意力，然后乘机杀出而取胜。这充分地暴露了勾践残暴的性格，以及他后来称霸成功后，杀功臣，无一不是残暴、阴险的表露。

哪个人不喜欢安逸舒适的生活呢？勾践也不例外，但他回国后，想到在吴国受的屈辱，就想报仇，但现在还不是时候，还必须忍耐，努力治理国家，等到兵精粮足时便一举伐吴。于是，他取来动物的苦胆放在座位旁，或坐或卧都要仰视苦胆，每顿饭前尝一点苦胆。他为了激励自己复仇的心愿，经常自己问自己："勾践，你忘了会稽山的耻辱了吗？"他还和普通人一样亲自参加农田耕作，让夫人像普通妇女一样亲自纺线织布，吃粗劣的饭食，穿普通衣着，尊重贤才，救贫吊丧，与老百姓同甘共苦。

忍辱负重，其结果是为了达到某种目的。勾践坚韧能忍是为了灭吴兴越，忍到一定程度总有爆发的一天。勾践终于忍到该向吴国发难的时候了，一战便把吴军杀得大败。这次卑躬屈膝的不再是越王勾践了，而是夫差。夫差也想像当年勾践向自己称臣为奴一样，打算投降勾践。勾践想答应夫差的请求，但被范蠡劝住了，最终吴国灭亡了，夫差自杀身亡。当时中原的几个大诸侯国都处于低潮，不少小国投降了勾践，于是勾践俨然成了最后一代春秋霸主，终于一吐胸中二十多年的压抑。

> 坚韧善忍的精神造就了春秋末代霸主。国王—奴仆—霸主，把勾践的人生轨迹勾画得清清楚楚，不知今天我们读到勾践能忍时有何感想？

忍经

司马迁忍辱著《史记》

中国历史悠久，文明灿烂。黑格尔曾发生深深的惊叹，他在著名的《历史哲学》演讲录中说："中国'历史作家'的层出不穷，持续不断，实在是任何民族所比不上的。"他还说："而尤其使人惊叹的，便是他们历史著作的精细正确。"梁启超在《中国历史研究法》中更是不无自豪地说："中国于各种学问中，惟史学为最发达；史学在世界各国中，惟中国为最发达。"在群星闪耀的历史学大舞台上，最为光彩夺目的，当首推西汉时代的司马迁。他忍住了满腔的愤恨、沉重的忧伤和无尽的痛苦，完成了傲睨古今、凌轹百代的《史记》。

正直挺身蒙冤案

元封三年（公元前108年），38岁的司马迁继承了父亲生前的职务，被汉武帝任命为太史令。西汉时代，太史令还兼有皇家天文台台长的职责，诸如天文、气象、历法、星占等涉及"天"的迷信与科学事宜，都归太史令掌管，它需要有"文史星历"专门知识的人才能充任。司马迁正是这样的理想人选。

司马迁担任太史令后，在改历工作中所表现出的忠诚和才干，博得了汉武帝的赏识和信任。事业上的成功使司马迁的心情十分舒展，他有更充沛的精力去考虑将父亲的遗命变为现实。他认为应该像父亲说的那样，继孔子之后，在历史著述上作一番努力，于是，他决心承担起这个艰巨而又神圣的使命。

经过多年的苦心准备，汉武帝太初元年（公元前104年），司马迁决心将他们父子几代人的理想变为现实。他提起如椽大笔，开始了他那鸿篇巨制《史记》的写作。

正当司马迁雄心勃勃，准备建造他那文化史上最辉煌的大厦时，一场巨大的灾难将他推进了深渊。司马迁作为一名忠耿正直，有良心和责任感的史官，他修史的动机和目的，与汉武帝这样一个好大喜功、专制独裁的封建帝王的愿望和意志很难完全一致，这就预示着在司马迁未来的生活道路上，潜伏着随时有可能爆发的危机。天汉二年（公元前99年）秋天，孜孜不倦地著述《史记》已进入第六个年头的司马迁，因直言敢谏而大祸临头，蒙受了一场极大的不幸。

天汉二年（公元前99年），汉武帝命李广利率三万骑兵出酒泉攻打匈奴右贤王，并命令李陵同行，替李广利管理军粮、军械等辎重。李陵因瞧不起这位无才无德、靠裙带关系爬上来的将军，不愿意接受

第二章 忍辱负重

这个差使，便在汉武帝召见时表示，希望能独自带兵去兰干山以南活动，这样可以分散匈奴军队的注意力。

汉武帝听后不悦，并说朝廷再也派不出骑兵了。李陵仍然坚持自己的意见并认为朝廷可以不必增派骑兵。他原来所带领的五千步兵都是荆楚勇士，一定能以少胜多，出奇制胜，直捣匈奴的巢穴。在李陵的一再请求下，汉武帝勉强同意了他的方案。

李陵接到诏令后随即领兵出发，北击匈奴。最初，李陵所部长驱直入，进展相当顺利，便派部将回报。汉武帝接报后十分高兴，朝中诸大臣无不举杯祝贺。岂料就在这时，有个名叫管敢的人投降了匈奴，将李陵没有援军、射矢将尽的机密告诉了单于。单于得到这一情报后亲自率领重兵，将李陵军逼入狭谷团团包围。陷入敌军重围中的李陵军英勇奋战，歼敌一万多人。但终因寡不敌众，在离边塞仅有一百多里的地方，矢尽粮绝，五千壮士死伤殆尽，李陵也成了匈奴的战俘并最后投降了匈奴。李广利虽然领有精兵三万余人，一路上未遇匈奴主力。但这个庸将一向贪生怕死，只与匈奴军遭遇了几次就损兵折将，落荒而逃。

汉军连遭败绩的消息传来，整个朝廷都为之震动。汉武帝本希望李陵在兵败路绝之时，能战死全节，给汉王朝和他自己挽回一点面子。后来却听说李陵做了俘虏且投降了匈奴，大为气恼。大臣们深知李广利作为汉武帝宠姬的哥哥在朝廷中的地位，于是将兵败匈奴的全部责任全倾注到李陵身上。当汉武帝召问司马迁对李陵事件的看法时，他大胆地为李陵辩护。司马迁说：

"我和李陵都在宫中任职，没有甚多交往，甚至不曾在一起饮过酒，说不上有什么特别的情谊。但我了解他平时的为人，是个能自守节操的出众人才。他侍奉双亲很孝敬，待人接物讲信用，平时廉洁奉公，不贪图和索取分外的财物。能分别尊卑长幼而礼貌待人，谦恭自约，礼贤下士，常常想着奋不顾身地为国家的急难而献身。他平素所蕴含的品德，我以为具有国家杰出人才的风范。作为一名臣子，出于宁肯万死不求一生的考虑，奔赴国家的危难，这已经是难能可贵了。如今他一有过失，那些平时贪生怕死，只想保全自己和家室私利之徒，却任意夸大、制造吓人的罪名强加于他，对此我实在感到不安和痛心。

"况且，此次李陵只率领不足五千的步兵深入胡地，前锋已攻入单于的王庭，这就如在虎口边设下诱饵，勇猛地向强大的胡军挑战，与占据有利地形和数倍于自己的敌军展开激烈的战斗，不屈不挠。连续奋战十几天，歼敌人数大大超过自己军队的伤亡数。胡人的首领都为之十分震惊，他们征调了左贤王、右贤王所部，几乎出动了所有能拉弓射箭的人，倾巢而出对付李陵的进攻。李陵率部转战千里，箭矢已尽，无路可走，而救兵又迟迟不至，死伤的士卒堆积如山。尽管如此，只要李陵一声号令，疲惫不堪的士卒又会振作精神举起空的弓弩，奋不顾身地与敌人展开搏斗，直到最后一息。

"李陵未遭覆没之时，有使者前来报告战况，朝廷上下的王侯公卿们无不向主上举杯祝贺。时间仅仅过了几天，李陵兵败的消息传来，主上为此不思茶饭，无心上朝廷理政，大臣们大多担忧害怕，不知所措。看到主上如此悲痛伤心，我虽地位卑贱，但还是不自量力，想献出自己之愚见。我以为李陵对部下能做到与之同甘共苦获得部下的信任，拼死出力，如此品格，即使古代的名将亦属少见。李陵如今虽已兵败被俘，但从他平时的所作所为可以料想，他是在寻找适当的机会主动归汉。事到如今已无可奈何，但他打击敌人的大智大勇和立下的战功，已足以彰明于天下。早想将这些想法向主上陈述，只是没有机会，适逢这次主上亲自召见询问，我借此说李陵的功绩，想以此宽慰主上之心，堵塞那些对李陵过分怨恨的言辞。"

在汉武帝看来，司马迁为李陵开脱，无非是要达到贬损贰师将军

李广利的目的，有意给他难堪。盛怒之下，全不顾及司马迁多年侍从尽忠职守，将他打入监狱。在狱中，审讯司马迁的，就是后来被他称作"酷吏"的那些人。这班人残忍狠毒，司马迁在他们手中遭到了残酷的折磨和非人的待遇，但一时也没有定罪。天汉三年，汉武帝误听传言，说李陵很受匈奴器重，单于已将女儿嫁给他做妻子，他正在为匈奴练兵。遂下令把李陵的全家抄斩。司马迁因此受到株连，被捉上诬罔"主上"的罪名，定了死罪。

忍辱偷生甘受宫刑

按照汉代的法律，凡被判处死罪的人犯，若要求生，可以用钱赎罪，大约需交50万钱，约合黄金五斤；或者甘受宫刑。所谓宫刑，也称腐刑，是阉割生殖器的残酷肉刑，是对人格最野蛮的侮辱。司马迁平时的俸禄并不丰厚，家境也很平常，根本没有能力偿付这巨额的赎罪金。自从他因李陵案蒙受不白之冤以来，昔日的亲朋好友们生怕引火惹祸，没有一人敢站出来为他说句公道话，而是远远地离他而去。世态炎凉，司马迁得不到亲友的支持。

作为士大夫的司马迁，理所当然地非常重视做人的尊严，看重自己的人格和名节。于是他想到自杀，想到了慷慨赴死。然而，在这个世界上只有一件事使他欲罢不能，这就是正在写作中的《史记》，这是他们父子几代人的理想和心血，他自己也已为之付出了多年的辛勤劳动，怎能忍心让它半途而废呢！

在面临着生与死的抉择关头，司马迁不禁彻夜难眠，思绪万千。他想，自己的先人并没有立过赫赫的功勋，自己也不过是一个为流俗所鄙薄的太史令，如果就此死去，是决不能和历史上那些"死节"的人相比的，那不过"若九牛亡一毛，与蝼蚁何异"。对于那些想将自已置于死地的人来说是无所痛惜的；对不明真相的人来说，也许还会产生误会，以为是"智穷罪极，不能白免"才自寻短见的。人虽不免一死，但死有"重于泰山，或轻于鸿毛"，死的代价有大有小。如果这样平白无故地死去，是很不值得的。

此时此刻，历史上那些有过坎坷遭遇的哲人豪杰们的不平常经历，浮现在他的脑际，更给了司马迁生的勇气。他想，西伯（周文王）是一方诸侯之长，却被纣王拘禁在羑里；李斯官至秦相，结果身受五种刑罚，腰斩于咸阳；韩信曾被封为淮阴侯，却在陈地戴上了刑具，被吕后所杀；彭越、张敖都是面南背北、称孤道寡的王，后来下狱受罪；绛侯周勃灭掉诸吕，权势超过春秋五霸，后却被囚禁受冤屈；魏其侯是大将军，却穿上赭色囚衣，戴上木枷、手铐和脚镣；季布自受钳刑给朱家做奴隶；灌夫在居室之中受辱。这些人都曾经身至王侯将相，声闻邻国，结果都身遭不测，任人处置。连他们都能忍垢厚尘埃之中，在这个世界上，对尊严、权势、荣辱的得失还有什么想不通的呢？至于历史上那些身处逆境，在困苦中仍发愤著书，终于功成名就的先贤们更给了司马迁生的力量。西伯被拘禁而推演出《周易》；孔子受困厄而著作《春秋》；屈原被放逐才写出《离骚》；左丘明双目失明，写出《国语》；孙膑被剜去膝盖骨而编写出《孙膑兵法》；吕不韦迁居蜀地，《吕览》流传于后世；韩非在秦国被捕下狱，写出了《说难》、《孤愤》……

天汉三年（公元前98年），48岁的司马迁，作出了出人意料的选择，他摈弃自杀和赴死的念头，决计忍辱偷生，接受那最为惨无人道的宫刑。他"就极刑而无愠色"。

宫刑不仅摧残了司马迁的健康，也给他的精神带来了常人难以忍受的痛苦。然而，这都没有能够摧毁司马迁的意志。正是这人生的悲剧，使他对历史，对人生，对汉王朝的吏治和刑法，对封建专制有了

新的认识。他很快从极度的悲愤中解脱出来，将个人的生死、荣辱置之度外，默默地将自己全部的心血，倾注到正在撰写的《史记》之中。

受刑后的司马迁仍然被关押在狱中。在这种非人境况中，他没有一天停止过思考，几乎天天与《史记》结伴，或在脑中酝酿，或不停地记下一些考虑成熟的片断。大约在太始元年（公元前96年），他才获释出狱。

发愤著史成就绝唱

司马迁出狱后，也许是汉武帝的良心有所发现，觉得对他的处罚确实过重，或是出于其他方面的考虑，他很快被任命为中书令。中书令是贴近皇帝身边的重要官员，相当于皇帝的秘书，表面上看，其地位要高于太史令。他的经常性工作是将皇帝的命令下达到尚书，并将尚书的奏事转呈给皇帝，地位颇为显要。他以戴罪之身，得以充任这样的职务，因而被一些人视为"尊宠任职"。连他多年的好友任安也有这种看法。

其实司马迁自己最明白，中书令一职能出入皇上身边，权势确实非同一般，然而此职一般都是让有文化的宦官担任。他因蒙冤受了宫刑后才被委任此职，这正是对他人格的再一次侮辱，他的心顿时感到悲怨与愤恨，自然对朝廷内外的一切事务，毫无兴味。难能可贵的是，司马迁再次以坚强的意志，充分利用在皇帝身边工作的种种便利，全身心地继续投入到《史记》的写作之中。

经过前后14年的努力，约在征和二年（公元前91年），一部构思严谨、体大思精的空前历史巨著——《史记》，终于基本完成。这是一部融入了司马迁全部心血和毕生精力的不朽著作。全书"网罗天下放失旧闻"，将三千年的历史，进行了全面合理的整理，并使之纳入一个科学的、庞大而又完整的系统。司马迁以前还没有一部体例完备、囊括中外、贯通古今的历史著作。是他第一次汇总古今典籍，创造了纪传体通史，从内容到形式都是空前的创举。

《史记》问世后，在流传过程中，虽说经过了许多波折，少数篇目散失，有的遭改动，但其主体面貌一直相当完整地保存了下来。在《报任安书》一文中，司马迁曾对自己创制这部历史巨著的基本宗旨，作了最准确和精辟的概括："究天人之际，通古今之变，成一家之言"。这既是司马迁进步历史观的具体反映，也是他高于他的先辈和同时代历史学家、思想家的集中体现。两千多年来，岁月的风尘不仅丝毫没有能销蚀这些精辟见解的光芒，恰恰相反，越来越显现出它的强大生命力。

今天，司马迁忍辱著《史记》为人所乐道。人们在体会《史记》辉煌中，更为司马迁的忍辱负重精神所叹服。

第一章
忍辱负重

孙膑忍辱斗庞涓

　　大智慧在于顺境能发达，逆境能求生，这就需练好"忍"字功夫。孙膑是公认的大军事家，同时他又是一位大"忍"家，不然他又怎么能成得了大军事家呢？

　　中国有句话叫："不学孙庞斗智，要学管鲍之交。"这里的"孙庞"是指孙膑和庞涓，二人的故事在中国几乎家喻户晓，妇孺皆知。孙膑也因此成了以忍而成名的大军事家。事实的确如此，这位军事天才没有他的先人孙武那样幸运，被诸侯王所赏识，而是遭遇了小人，受到了一番非人的折磨和迫害。而孙膑却恰恰忍受住了这番苦难，终于使自己名扬天下。

庞涓妒心谋害孙膑

　　魏惠王野心勃勃，也想学秦国收拢人才，找个商鞅一类的人物来替他治理国家，于是做出一副求贤若渴的样子，花了许多钱来招致贤士。后来来了一位名叫庞涓的人，声称是当世高人鬼谷子的学生。鬼谷子是当时十分著名的人物，是纵横家的鼻祖，著有《鬼谷子》一书，专门论述纵横家如何说服君主的技巧。从《鬼谷子》看来，其作者的确是一位十分了不起的人物，但他是个隐士，并不出来做官。庞涓说他自己是鬼谷子的学生，又与大纵横家苏秦、张仪是同学，并在魏王面前大吹大擂，魏王就信任了他。

庞涓当了大将，他的儿子庞英，侄子庞葱、庞茅全都当了将军，"庞家军"倒也确实卖力，训练好兵马就向卫、宋、鲁等国进攻，连打胜仗，弄得三国齐来拜服。东方的大国齐国派兵来攻，也被庞涓打了回去。从此，魏王就更信任他了。

庞涓的同学孙膑是孙武子的后代，他德才兼备，是个少见的人才，尤其是从老师鬼谷子那里得知了先人孙子的十三篇兵法，更是智谋非凡。一次，墨子的门生禽滑厘来拜访鬼谷子，见识了孙膑，就想让他下山，帮助各国国君守卫城池，减少战争。孙膑说："我的同学庞涓已下山去了，他当初说一旦有了出路，就来告诉我的。"禽滑厘说："听说庞涓已在魏国做了大官，不知为什么没写信给你，等我到了魏国，替你打听一下。"

墨子在当时的影响很大，每到一个国家，国君都会把他待为上宾。等禽滑厘到了魏国，他就对魏王说了孙膑和庞涓的事。魏王一听，立即找来庞涓，问他何以不邀孙膑同来。庞涓说："孙膑是齐国人，我们如今正与齐国为敌，他若来了，也要先为齐国打算，所以没有写信让他来。"魏王说："如此说来，外国人就不能用了吗？"庞涓无奈，只得写信让孙膑前来。

孙膑来到魏国，一谈之下，魏王就知道他比庞涓更强，就想拜他做副军师，协助军师庞涓行事。庞涓听了忙说："孙膑是我的兄长，才能又比我强，岂可在我的手下？不如先让他做个客卿，等他立了功，我再让位于他。"实际上，这是个计谋，是为了不让孙膑与他争权，然后再伺机陷害他。但在当时，客卿没有实权，却比臣下的地位高，孙膑还以为庞涓一片真心，对他十分感激。

庞涓原以为孙膑一家人都在齐国，孙膑不会在魏国久留，就试探

着问他："你怎么不把家里人接来同住呢？"孙膑说："家里的人都被齐君害死了，剩下的几个也已被冲散，不知何处寻找，哪里还能接来呢？"庞涓一听傻了眼，如果孙膑真在魏国待下去，自己的位子可真要让给他了。

半年以后，一个齐国人捎来了孙膑的家书，大意是哥哥让他回去。孙膑对来人说："我已在魏国做了客卿，不能随便就走。"并写了一封信，让他带回去交给哥哥。

孙膑的回信竟被魏国人搜出来交给了魏王，魏王便找来庞涓说："孙膑想念齐国，怎么办呢？"庞涓见机会来了，就对魏王说："孙膑是个有才能之人，如果回到了齐国，对魏国十分不利。我先去劝劝他，如果他愿意留在魏国，那就罢了。如果不愿意，他是我举荐来的人，那就交给我来处理吧。"魏王答应了。

庞涓当然没有劝孙膑。他对孙膑说："听说你收到了一封家信，怎么不回去看看呢？"孙膑说："是哥哥让我回去看看的，我觉得不妥，没有回去。"庞涓说："你离家多年了，一直和家人没有联系。如今哥哥找到了你，你应当回去看看，见见亲人，再给先人上上坟，然后再回来，岂不是两全其美吗？"孙膑怕魏王不同意，庞涓一力承揽，孙膑十分感激。第二天，孙膑就向魏王请两个月的假。

魏王一听他要回去，就说他私通齐国，立刻把他押到庞涓那里审问，庞涓故作惊讶，先放了孙膑，再跑去向魏王求情。过了许久，才又神色慌张地跑回来说："大王发怒，一定要杀了你，经我再三恳求，大王总算给了点面子，保住了你的性命，但必须处以黥刑和膑刑。"孙膑听了，虽非常愤怒，但觉得庞涓为自己出力，还是十分感激他。

孙膑忍辱装疯

孙膑被在脸上刺了字又被剔去了膝盖骨，从此只能爬着走路，成了终身残废。庞涓倒是对孙膑的生活照顾得很周到。孙膑觉得靠庞涓生活，就想报答他。有一天，孙膑就主动提出要替庞涓做点什么，庞涓说："你那祖传的十三篇兵法，能不能写下来，咱们共同琢磨，也好流传后世。"孙膑想了想，只好答应了。孙膑只能躺在那里用刀往竹简上一个字一个字地刻。他虽背得滚瓜烂熟，但若想写下来，却不容易，再加上孙膑对受刑极为愤慨，所以每天只能刻十几个字。这样一来，庞涓沉不住气了，就让手下一个叫诚儿的小厮催孙膑快写。诚儿见孙膑可怜，便不解地向服侍孙膑的人说："庞军师为什么死命地催孙先生快写兵法呢？"那人说："这还不明白，庞军师留下孙先生的一条命，就是为了让他写兵法，等写完兵法，孙先生也就没命了。"

孙膑听到了这话，大吃一惊，前后一想，恍然大悟，霎时间大叫一声，昏了过去。等别人把他弄醒时，他已经疯了。只见孙膑捶胸拔发，两眼呆滞，一忽儿把东西推倒，一忽儿又把写好的兵法扔到火里，还把地下的脏东西往嘴里塞。从人连忙奔告庞涓说："孙先生疯了！"

庞涓急忙来看，只见孙膑一会伏地大笑，一会又仰面大哭。庞涓叫他，他就冲庞涓一个劲地叩头，连叫："鬼谷老师救命！鬼谷老师救命！"庞涓见他神智不清，但怀疑他是装疯，就把他关在猪圈里。孙膑依然哭笑无常，累了就爬在猪圈中呼呼大睡。过了许久，还是如此，庞涓仍不放心，就派人前去探测。一天，送饭人端来了酒菜，低声对他说："我知道你蒙受了奇耻大辱，我现瞒着军师，送些酒菜来，有机会我设法救你。"说完还流下了泪水。孙膑显出一副莫名其妙的怪样子说："谁吃你的烂东西，我自己做得好吃多了！"一边说，一边把酒菜倒在地下，随抓起一把猪粪，塞进嘴里。那人回报了庞涓，庞涓心想，孙膑受刑之后气恼不过，可能是真的疯了。从此，他只是派人监视孙膑，不再过问。

孙疯子白天躺在街上，晚上就又爬回猪圈。有时街上的人给他点

吃的，他就哈哈而笑，而又嘟嘟囔囔，也听不清他说些什么。这样久了，魏国的都城大梁内外都知道有个孙疯子，没有人怀疑他了。庞涓每天都听人汇报，觉得孙膑再也无法同自己竞争了，就没再动杀他的念头。孙膑活了下来。

有一天夜里，有个衣着破烂的人坐在他的身边。过了一会儿，那人揪揪他的衣服，轻声对他说："我是禽滑厘，先生还认得我吗？"孙膑大吃一惊，经过仔细辨认，确认是禽滑厘，便泪如雨下，激动地说："我自以为早晚要死在这里了。"禽滑厘说："我已经把你的冤屈告诉了齐王，齐王让淳于髡来魏国聘问，我们全都安排好了，你藏在淳于髡的车里离开齐国。我让人先装成你的样子在这里待两天，等你们出了魏国，我再逃走。"禽滑厘把孙膑的衣服脱下来，给他手下的一个相貌与孙膑相近的人穿上，躺在那里装作孙膑，禽滑厘就把孙膑藏到了车上。第二天，魏王叫庞涓护送齐国的使者淳于髡出境，过了两天，躺在街上的孙疯子忽然不见，庞涓让人查找，井里河里找遍了，也未见踪影，庞涓又怕魏王追问，就撒个谎说孙膑淹死了。

孙膑到了齐国，陆续打听到自己的几位堂哥都已无音讯，才知道原来送信的人也是庞涓派人装的。前前后后，这一场冤屈全由庞涓一人导演而成。

齐国的大将田忌是个很有才能的人，为人也非常正直和厚道，他经人介绍，知道孙膑的人品和才干，便亲自出迎孙膑，将孙膑请进自己的官邸，用上宾的礼节款待他。一经谈论，田忌更加佩服孙膑的才能，并暗暗庆幸自己喜遇良才，朝夕与他相处，并经常向他请教。

当时，田忌经常跟齐国的王族们赛马打赌，田忌马力不足，屡次失败，并因此输了许多钱。有一次，孙膑见田忌的马力与王族们的马力相距不远，便对田忌说："来日比赛，您尽管下最大的赌注，我定会设谋使您取胜。"田忌虽然不理解，但他十分信服孙膑，便回答说：

"闻先生言，我当请于齐王，以千金为赌。"临近比赛，孙膑对田忌说："齐之良马，聚于王廷，您若按马的等级，依次与王族们决赌，恐难取胜。现在请用您的下等马对付他们的上等马，用您的上等马对付他们的中等马，用您的中等马对付他们的下等马，这样一来，你虽然肯定要输一场，但可能会赢两场。"

赛毕，齐威王及王族们只胜了一场，田忌却胜了两场，赢了齐威王千金。齐威王大为惊奇，询问田忌取胜的原因，田忌便以实相告，齐王对孙膑敬佩不已，田忌乘机将孙膑推荐给齐威王。齐威王见孙膑才智出众，愉快地接见了孙膑，并向孙膑询问兵法军旅之事，孙膑侃侃而谈，对答如流。孙膑对战争以及当时国际形势的分析使齐王折服，齐威王认为孙膑乃是争霸天下、兴邦定国的栋梁之材，便毕恭毕敬地拜孙膑为老师。不久，又拜孙膑为齐国的军师，将军国大事委以孙膑。

马陵之战孙膑复仇

魏惠王十七年（公元前353年）十月，魏军经过与赵军长时间的鏖战，终于攻下了赵国的都城邯郸，但此时的形势已对魏军十分不利。秦国的军队乘魏国后方空虚，已攻占了魏国的少梁，楚的军队乘机攻占了魏国的南部睢等地，攻打赵国的魏军实力已大大消耗，军力也疲惫懈怠。齐威王见攻打魏军的时机已经成熟，便决定派遣大军去救赵。

齐威王想拜孙膑为大将。孙膑推辞说："我是受过酷刑的人，不可以为大将。如果我当了大将，不仅会遭到敌人的笑话，也显得齐国没有人才。我请求大王您任用田忌为大将，我来帮助他就可以了。"齐威王采纳了孙膑的意见，便拜田忌为大将，孙膑为军师，统兵八万去救赵国。孙膑因失去了双脚，所以便乘坐在有篷帐的车子里，随军出征，为大将军田忌出谋划策。

田忌打算统率大军直接扑向邯郸，以解赵围。孙膑分析了当时的形势，对田忌说，应该采取"批亢捣虚，围魏救赵"的军事谋略来解救赵国。田忌依照孙膑之计，率领齐军主力向魏国的都城大梁进军。庞涓得知了这个消息，惊慌万分，在攻下赵都邯郸后，顾不得部队的休整和喘息，抛弃辎重，急忙率领轻车锐骑，昼夜不停地急行军回救大梁。当魏军退回到桂陵附近时，田忌及孙膑早已派遣齐军主力在那里等待伏击魏军，以逸待劳，士气旺盛，很快就将疲惫不堪的魏军打得大败。这样一来，魏国已经取得的军事上的成功就丧失了，被迫与齐国议和，将都城邯郸归还给赵国。

魏惠王是个野心勃勃的人，他经过休整，见魏军兵力又日渐强盛，乘齐威王听信谗言，解除了大将军田忌兵权之机，于魏惠王二十八年（公元前342年），又派遣庞涓统率大军去攻打赵国。赵国联合韩国共同抗魏，但屡战失利，韩国急忙派遣使臣向齐国求救，

齐威王采纳了孙膑的意见，暗地里派人将发兵救韩的打算告诉给韩国使者，然后送使者回国。韩国有了齐国的支持，便拼命地抵抗魏军，先后五次与魏军激战，均遭失败，便火速向齐国告急，投靠齐国。齐威王乘势起兵，派田忌、田婴为将军，孙膑为军师，统率齐军去救韩。

孙膑早已筹划得当，大将田忌按照孙膑的计谋，并不直接去救韩，又把十多年前的故伎搬来照用，统帅大军逼向魏国的都城大梁。魏将庞涓听到这个消息，又是无可奈何，只得放弃攻韩，率领大军日夜兼程回救魏国。

孙膑获悉庞涓回师魏国的情报，并不主动迎击魏军，而是用"减灶添兵"的办法，命令齐军在魏境先筑十万人煮饭用的灶，第二天筑五万人煮饭用的灶，第三天筑三万人煮饭用的灶。庞涓统率大军回魏，

忍经

本想与齐军决一死战，不料齐军掉头东撤，便命令全军紧紧追赶。庞涓追踪了三天，发现了齐军锅灶的数目减少，非常高兴，说道："我本来就知道齐军胆小怕事，进入魏境仅仅三天，齐军逃跑的士兵就已经超过半数了。"便命令放弃步兵，丢下辎重，只率领轻车锐骑，将两天的路程并做一天走，马不停蹄，拼命追赶齐军。

孙膑估计庞涓的行程，晚上当到达马陵。又见马陵道路狭窄，地势险要，两旁是山，林多树密，恰可以伏击魏军。便命令士兵伐木塞路，留下一棵大树，剥去大树的外皮，在白色的树干上写道："庞涓死于此树之下！"几个大字，又派遣一万名射箭高手，埋伏在山路两旁，对他们说："夜里看见火光亮起，就一齐放箭。"

当天夜晚，庞涓果然率领魏军赶到马陵，军士向庞涓报告："有断木塞路，难以前进。"庞涓一面上前察看，一面指挥军士搬木开路，忽然见到前面有一棵大树，上面白木显露，隐约有字，便令人点起火把，亲自来到大树下察看，在火光的照耀下，庞涓看到上面的那行字，大吃一惊，急忙命令魏军撤退，已经来不及了。埋伏在山路两旁的齐兵万箭齐发，魏军顿时大乱，四散奔逃。庞涓身负重伤，自知智穷兵败，便拔剑自刎。齐军乘胜追击魏军，俘虏了魏国的太子申回国。

孙膑能忍，面对庞涓的非人迫害，他能战胜自我，心如止水；在与庞涓的决战中，他更能忍，以弱示敌，不为庞涓的嚣张所动，然后出奇兵而破之。如此，孙膑甘心受辱、颠疯用诈而成大事被传为美谈，更让人们知道了他是个名扬天下的军事家。

顺境之忍不叫忍，逆境能忍才是忍。孙膑的忍就是最好的明证。当然我们不排除孙膑的复仇之心，可在这里孙膑的忍已经形成一种智慧、谋略，这才是人们应该借鉴的地方。

苏武牧羊威武不屈

忍经

在传统社会里，节操是一种信念，一种追求。仁人志士把节操看得比生命还重。节操之忍，当首推苏武。不管时人世人怎么看，但苏武之忍的确令那些没有信念、没有追求的碌碌之辈汗颜。即使是今天，我们也应该从中读出一些东西。

在有些时候，做人的确应该有点骨气，有点信念，不然"人"的意义和价值就没了。苏武牧羊的故事不仅载之正史，也被戏曲广泛流传民间，使得妇孺皆知。苏武也早已成为坚持民族气节的楷模和象征。

出使匈奴身陷异邦

汉武帝太初四年（公元前101年）冬，匈奴单于病死，国人立其弟为单于。新立的单于因怕汉朝乘新立之机来攻，遂对众臣说："我是汉朝的儿子辈，怎敢敌汉？汉天子本是我的丈人，我们应当尊重他。"并下令将原扣押在匈奴的汉臣，一律派使臣护送归国，且奉书讲和。

天汉元年（公元前100年）正月，汉武帝因感匈奴单于诚意，也将被押匈奴使臣释出，派中郎将苏武持节送归，并令武携带金帛，厚赠单于。

苏武，字子卿，为故平陵侯苏建之子，与他的兄弟同为朝中郎官。苏武知道，这虽然是一次和平出使，但是由于两国的关系十分复杂，形势也千变万化，因此，此次奉命出使匈奴，仍然是前途未卜。于是，他特与家人告别，率副中郎将张胜、从吏常惠及兵役百余人，离都北行。

苏武一行到了匈奴，见到了单于，转达了武帝的问候，赠送了金帛。此时，单于的心情已经有所改变，并不真心与汉议和，只不过借此缓兵，以寻机后图。他见汉武帝中了他的圈套，不由地傲慢起来，对待汉朝的使者，礼貌很不周全。苏武善于忍耐，他等公事办完，便告辞退出，等候单于派遣他回去。谁知，就在这几日，出现了一件意外的事，使苏武等人被困匈奴近二十年。

在苏武未出使匈奴之前，有一个名叫卫律的胡人之子背汉降胡，被匈奴封为丁灵王。卫律有一个名叫虞常的从人，虽随卫律降胡，但心中颇为不愿，想谋杀卫律。凑巧张胜来到匈奴，虞常本与张胜相识，乘探望之机与张胜私下里交谈，说："听说汉天子十分怨恨卫律，我能够为汉朝伏弩将其射杀，不知道您有什么见教？"张胜听说后，一心争功，就瞒着苏武，当即应允。不料事情败露，虞常被擒。单于命卫律严审此案。张胜见事情已经败露，怕受诛杀，这才将事情的始末告诉了苏武。

虞常连遭酷刑，坚持不住，竟将张胜供出。卫律将供词拿给单于看。单于见了以后，立即召集贵臣，商议要杀掉汉使。左伊秩訾劝道："汉使若直接谋害单于，也不过死罪，今尚不至此，不如赦其一死，迫他投降！"单于听后，便令卫律往召苏武。苏武闻召，对常惠道："屈节辱命，即使得生，还有何面目再回汉朝？"说着，拔出剑来，向颈上挥去。卫律见状，急忙上前把住苏武的双手，但剑锋已触着脖颈，血流满身，苏武已经昏死过去。卫律忙令往招医生，经半日抢救，苏武才清醒过来。卫律见苏武已无危险，便令常惠好生看护，自己回报单于。单于听后，也很为苏武气节所感动，派人向苏武问候，并下令将张胜收入狱中。

数月后，苏武颈伤痊愈。单于便令卫律将苏武请到庭中，并将虞常、张胜从狱中提出，当场宣布：虞常死罪，立即拉出斩首。又对张胜道："汉使张胜，谋杀单于近臣，罪亦当死，但若肯归降，尚可赦免!"说首，卫律上前，举剑欲砍张胜。张胜见到这种情况，慌忙伏倒在地，连说愿降。卫律冷笑了几声，转身问苏武道："副使有罪，你也当连坐。"

苏武说："本未同谋，又不是亲属，怎能连坐?"

卫律又举剑向苏武比划，苏武仍神态自若，面不改色。卫律见后，又将宝剑收起来，和颜悦色地劝苏武道："苏君，卫律以前负汉归匈奴，幸蒙大恩，受爵为王，拥众数万，马畜满山，富贵如此。您若肯投降，一定与卫律相同，又何必执拗成性，自寻死路呢?"

苏武听后，摇头不语。卫律接着说道："您如果肯因我而降，我当与君为兄弟；您若不听我的话，恐怕不能再见我面了!"

苏武听了此语，当即怒道："卫律! 你为人臣子，不顾恩义，叛主背亲，甘降夷狄，有何面目见我? 且单于令你断狱，你不能秉公而断，反欲借此挑拨两主，坐观成败。你要想想，南越杀汉使，屠为九郡；宛王杀汉使，头悬北门；朝鲜杀汉使，即时诛灭。独匈奴尚未至此。你明知我不肯降胡，还多方胁迫，我死不要紧，恐自此匈奴祸至，到了那时，你能够幸免吗?"一席话，骂得卫律张口结舌，又不好擅杀苏武，只得往报单于。

北海牧羊十九年

单于听说以后，更加敬重苏武，为了使苏武投降，遂令将苏武囚

于大窖之中，不给饮食。当时，天下大雪，苏武就食雪嚼旃，才得数日不死。单于对他活下来感到十分不理解，怀疑有神相助，就把苏武迁徙到北海（今贝加尔湖），令其牧"羝"。羝是公羊，是不能产子的，但单于说什么时候羝羊产子，就放苏武回去。这实际上是将苏武永远流放。单于还将常惠等分置他处，不能与苏武相见。

苏武身处荒野，没有食物，只得掘野鼠、觅草实充饥。尽管如此，苏武仍未忘使命，持着汉节，在匈奴过了一年又一年，希望有一天能重返故土。

汉昭帝始元二年（公元前85年），匈奴内乱。颛渠阏氏派使臣前往汉廷和亲。汉廷也遣使来胡，提出只有匈奴释归苏武、常惠等人，才可以言和。此时，苏武已困匈奴19年，对外边的事，知道很少。

汉朝的使者向匈奴索还苏武，胡人谎称苏武已死。多亏常惠得知消息，设法说通胡吏，才使得汉使秘密地见到了苏武，说明了真情，且给汉使献了一计。汉使听后，连连称善。第二天，汉使又往见单于，指名要索回苏武。单于说："苏武确已病死。"汉使闻后，怒道："单于休得相欺，大汉天子在上林中射得一雁，雁足上系有帛书，乃是苏武亲笔，言其正在北海牧羊。今单于既要言和，为何还要欺人？"单于闻言，顿时失色，对左右道："苏武忠节，难道还能感动鸟兽？"不得已只得向汉使谢罪道："苏武果真尚在，我放他归国就是了。"汉使乘机再索常惠、马宏等人，单于都答应了。

汉昭帝始元六年（公元前81年），苏武、常惠等九人随汉使返回长安。苏武出使匈奴时年方四旬，此时已是须眉皆白，手中所持的汉节旄头早已落尽，国都的人见了，无不称赞。

苏武之忍感天动地，忍受了屈辱和磨难，却保持了自己的节操。这种忍虽不是大智谋，大韬略，却也不迂腐。苏武的意志倔强而悲壮，已形成了一种民族精神和民族感召力。

西施为国屈自身

在两千多年的传说渲染中，西施已成为一个无比美丽的形象，乃至成为美丽善良的象征。人们好像根本就不把她当作一个祸乱国家的女人看待，更不把她与商朝的妲己、周朝的褒姒相提并论，而是把她看作是一个被污辱与被损害的女人，从而给予了无限的同情。

不管历史将给西施一个什么结论，但西施因外貌而出名，因能忍而成事，已是历史事实，不知人们能否从这位红颜之忍的背后能看到些什么？

西施献身美人计

千百年来，人们只是关注吴越争雄的最终胜利者，有谁注意过西施的情感和命运呢？或许人们把越国的复仇看成是一场正义的战争，或许人们把夫差看成是邪恶残暴的化身，或许人们把西施看成是一位为爱国而献身的女中丈夫，或许人们对她的遭遇与结局深怀歉意，甚至是由于人们为她的美丽所倾倒。这些也许都是猜测，也许这些猜测每一个都不无道理。

西施的结局到底是怎样的呢？据可靠的历史记载，越国灭吴后，家乡的父老竟把她沉在水里活活地淹死，因为她与亡国联系起来，是个不祥的女人。不管你是由谁选送到吴国，不管你为越国灭吴出了多大的力，现在越国不需要你了，而你又是一个浑身沾满了亡国气息的女人，是一个最遭人忌讳的女人，又是一件工具，那么，不死而何？

根据当时的习惯和越王勾践的性格逻辑推测，西施的结局也只能如此。那么，越国、吴国，勾践、夫差以及范蠡与西施是一种怎样的关系呢？西施到底又是一个怎样的人呢？

吴越争霸之时，吴王夫差打败越王勾践，勾践到吴国作了三年奴隶，忍辱负重才得以回国。勾践一回国，立刻同文种商量富国强兵以灭吴国的方法，文种说出了七条灭吴之策：多送吴国贿赂，让吴国上下欢喜；借、买吴国的粮食，弄空他们的仓库；送美人给夫差，诱其荒淫无道；多送吴国木材、砖瓦，使其大兴土木，以消耗国力；派遣细作去当吴国的臣下；收买大臣，散布谣言，使忠臣良将避退；自己多积粮草，多征兵马，勤加操练。

第二章
忍辱负重

勾践开始了他的"十年生聚，十年教训"的计划。在婚娶生育上做出明确规定：年长者不得娶年轻的夫人；男子二十，女子十七尚未成亲者其父母受罚；即将分娩的女人须报官以便派医官照顾，保证婴儿的成活；生男国家赏一壶酒，一口猪；生女赏一壶酒，一口小猪；有二子者，国家养活一个；有三子者，国家养活两个；七年之中，国家不征任何税收。

越王勾践为了不忘耻辱，他把自己的居室内铺上干草，以做被褥，在门口悬挂一枚苦胆，每天吃饭以前尝一尝，这就是著名的"卧薪尝胆"而发愤图强的故事。他亲自出去种地，妻子也亲自织布，以身作则，不要别人供奉，因此，越国上下虽苦于应付对吴国的进贡，却是紧密地团结在越王的周围。不久，夫差准备建造一座姑苏台，越王就送去了几根少有的大木料，夫差为了不糟蹋木料，就把姑苏台加高加宽了一倍有余，并对越王的忠心感到很高兴。

勾践一看第一条计策取得了圆满的成功，于是，就开始实施第二条计策——美人计。

勾践要范蠡去找美女，范蠡说："我早就替大王预备下了，她甘愿以身事吴，为国捐躯。她名叫西施，是越国著名的美女，不仅美丽，而且慧外秀中。再加上一个帮手郑旦，应能完成大王的使命。"于是，勾践就让人把西施和郑旦送到了吴国。

依靠智慧取得信任

西施的出身虽无明确记载，但从其与丑女为邻和从事浣纱劳动的传说中可以推测她应是穷苦出身。据说西施极美，尤其是犯心口痛时双手捧心，眉头微蹙时的形象就更美了。她有一个女邻居叫东施，人长得很丑，却十分羡慕西施的美丽，她见西施捧心美极了，也学着她的模样捧心皱眉走回家去。她本来就丑，这么一来就更丑了，吓得周围邻居都跑开了。所谓"东施来效颦，还家惊四邻"就是指的此事。

西施虽然贫困，却十分聪慧，据说范蠡爱上了她，两人做了情人，为了帮助越国灭吴，范蠡劝她到吴国去。西施说："国王和官吏们被拘系在吴国，我是知道的。国家的事是大事，儿女私情乃是小节，我哪敢为了爱惜自己微不足道的躯体而辜负了天下人的厚望呢？"在临行时，西施又有所犹豫，范蠡劝她说："你如果能够轻松愉快地前往吴国，咱们的国家也许会保存下来，你我也可能会活下来，我们俩后会有期，也是有可能的。你如果执意不去，我们的国家就会旋即灭亡，你我也会同为沟渠之鬼，哪里还能结百年之好呢?"范蠡又交代了一些做事的方法和见机行事的诀窍，就把西施送到了吴国。

西施来到吴国，夫差一见西施当世无匹的美貌即刻着迷，西施不凡的谈吐和超人的见识也使夫差佩服。西施知道，只靠色相迷惑住夫差用处不大，要想加速吴国的败亡，一是以自己的见解取得夫差的信任，二是在参政中寻找机会祸乱吴国。

一天，正当夫差陪着她玩到兴头上的时候，西施却故作娇嗔地对夫差说："英雄好汉不应该终日沉浸在温柔乡里，应当驰骋疆场，为国争光。像你这样成天陪着我们，岂不是白白地浪费时光，消残壮志吗?"夫差听了这些话，不禁肃然起敬，忙问道："那我该怎么办呢?"西施说："大王是否知道当今天下大势呢？鲁国的三家大夫为扩充自己的势力争得你死我活，根本顾不上国家；齐国自从晏平仲死后，真是国无贤士了；楚国呢，离咱们最近，可自从战败之后至今尚未复之；晋国就不必提了，自晋文公死后就失去了霸主地位。如此看来，天下诸侯无一能同大王相比，大王不趁此时大展宏图，又要等到何时呢?"

这番话直说得夫差血脉贲张，既对西施钦佩不已，又决心出去闯闯天下。

就在这时，齐国因为鲁国绑架了齐悼公的妹夫邾国国君，就邀请吴国一同出兵攻打鲁国，夫差当即发兵相助。鲁国一看两个大国来攻，马上放了邾国国君并派人前去赔礼，齐国一看目的达到了，就不愿再打，让吴国退兵。夫差正想趁机显示威风，就发怒道："你让进军就进军，你让退兵就退兵，难道吴国成了齐国的属国了吗?"夫差仍然率兵前进，直取齐国。

鲁国一看吴国攻打齐国，又立即派人送礼，要跟吴国一起攻打齐国。吴、鲁联合攻齐，齐国一片混乱。齐国的大夫杀了齐悼公，向吴国求和，愿意年年进贡。夫差没想到一下子居然收服了齐、鲁两国，

第二章
忍辱负重

这使他大为得意，也就更为宠信西施。

初战告捷吴国兵败

勾践见第二条计策生效，就开始启用第三条计策——掏空吴国的国库。有一年，越国的收成不好，越国大夫文种来吴国求借十万石粮食，说是明年稻熟即还。大臣们议论纷纷，有的怕借了不还，有的怕越人有诈，还有的觉得越国年年进贡，连粮食都不借，未免太不近人情。在议而未决的时候，夫差就去问西施。西施倒是旁征博引地说了一通，弄得夫差既钦佩又难堪。

西施说："大王亏得还想称霸天下，连这一点小事都决断不了，如果自然不懂，学学前人的样子好了。早先齐桓公在葵丘大会诸侯的时候，就号召大家救济遭到饥荒的国家，后来秦穆公还卖大批的粮食去救济敌国的百姓，况且现在越国已经归附大王了呢？俗语说：'民以食为天。'你不借粮给他们，难道让他们都活活地饿死吗？"夫差觉得西施说得十分透彻，当时就高兴地答应借十万石粮食给越国。

第二年，文种如数送还粮食，夫差见越国如期如数送还粮食，十分高兴，又见送来的稻子颗粒饱满硕大，就下令用这十万石稻谷做种子。吴人种上以后，迟迟不发芽，待发觉种子都烂在地里，早已误了季节，无法播种了，吴国这年几乎颗粒无收。吴人只埋怨夫差不顾水土差异硬拿越国的稻谷做种子，哪知这些稻谷都是被文种煮过晒干的。

勾践想掏空吴国国库的计划也逐步实施。

越王见吴国闹了饥荒，就想发兵攻打。文种劝阻道："为时尚早，一是伍子胥尚未除去，二是吴国仍然兵强马壮，军队也全在国内。我们只有抓紧准备，等待时机。"

但是越国操练兵马终于被夫差知道了，他打算再征伐一次越国。

就在这时，齐国和鲁国之间又要打仗，在孔子的弟子子贡的劝说下，吴国准备进攻齐国以帮助鲁国，越国也自愿派三千甲士前往，结果是齐国又被打败了。在回国后举行的庆功会上，夫差各有封赏，甚至想封越国一些土地。大臣们都称颂夫差赏罚分明，唯有伍子胥趴在地上说道："大王不要爱听奉承阿谀的话，打败了远方的齐国，不过是于国无益的一点小便宜，将来越国灭了吴国，那才是大灾难呢！我的劝谏大王如果不听，那就让我效法关龙逄、比干好了。"

伯嚭见时机来临，立刻插话说："你如果真的想做忠臣，为什么又把儿子寄养在我们的敌国齐国呢？"原来，在齐、吴尚未打仗以前，夫差让伍子胥送国书给齐国，国书是辱骂齐王的，其意在于激怒齐王杀了伍子胥。齐国大夫鲍息是伍子胥好友，替他在齐王面前说了许多好话，再加上齐王害怕吴国，怕杀伍子胥多起事端，才把他放了回来，伍子胥回家后就把自己的儿子伍封送到鲍息家里，寄养在那里，因为他十分清楚，就夫差目前的所作所为看，吴国是一定不会长久的。这次被伯嚭当众揭出，着实惹恼了夫差，夫差说："念你在先王时代立过大功，我不为难你，你以后也别来见我了。"

夫差回去跟西施说这件事，西施深知伍子胥的厉害，虽然暂时被夫差疏远，只要不杀死他，就有复出的机会，那将对越国极为不利，她决心借此机会杀掉伍子胥。西施说："伍子胥是什么人，他连自己的国家都想灭，连楚平王的尸首都要用鞭子抽，难道还会怕什么人吗？俗话说：疑人不用，用人不疑。伍子胥主张灭越国，若是用他，就先把我这个越国人杀了，若是不用，为什么又留住他呢？像你这样优柔寡断，如何能成大事？我真替你难过。"西施一边说，一边难过地双手捧心，一副楚楚可怜的样子。夫差本来被西施这一番又吹又拍、又打又拉的话说得羞愧交加，又看到西施这副样子，立即决定赐伍子胥属镂剑令其自杀。西施终于帮助越国除去了一个令越人十分害怕的人物。

西施见到主要障碍已经除掉，就放心大胆地鼓励夫差北上逐鹿中原，争取霸权。公元前486年，夫差动用大量民工挖掘直通淮河的运河。公元前484年，他从水路出发进攻齐国，在艾陵（今山东泰安）大败齐军，由此更加相信水军的力量，并征发大量民工，消耗无数的财力贯通长江、淮河、泗水、沂水、济水等几大水系，以至从吴国坐船即可直达齐国。但吴国的人力、物力、财力已接近枯竭了。

公元前482年，夫差带领大军前往卫国的黄池约会诸侯，并请当时的霸主晋定公来"歃血为盟"，推吴国做盟主。就在这时，越王见到机会来临，派范蠡为大将攻吴，连打胜仗。夫差得到消息后，用武力逼迫晋定公等推他为盟主，匆匆回师。但终因旅途疲劳，军心涣散，连打败仗。夫差派伯嚭去讲和，范蠡看到吴国一时难灭，就暂时撤兵讲和。

功成身灭沉水而死

吴国失败后，西施假装向夫差请罪，要求夫差处死她这个越国人。夫差却说："人生下来总会有个地方，你又不是攻打吴国的人，也不是勾践的亲人，为什么要领罪？"从此以后，夫差十分消沉，经常陪着西施喝闷酒。

公元前478年，越国再次兴兵伐吴，这时的吴国已衰败不堪，难以抵挡越军的攻势。夫差只得退守姑苏城，因城墙坚厚，一时难下，越国采取了长期围困的战术，围了两年，终使姑苏城"士卒分散，城门不守"。公元前473年，姑苏城破，夫差率众逃至姑苏台上，派王孙雄袒衣膝行至勾践面前说："往日夫差在会稽得罪了您，不敢同您交好了，只愿为越王臣虏，以赎前罪。"

越王心有不忍，竟欲应允，范蠡忙上前说："往日上天把越国赐给您，您却上违天命而不接受，才会有今天；今日上天把吴国赐给我们，我们如不接受，那就有违天理了。"范蠡毅然擂鼓进军，夫差自杀，吴国灭亡。

为了表示对西施的同情，人们为她设计了一个美好的结局，也算是对她辛酸付出的一点报偿。据说，勾践灭吴后，范蠡留下一封信就不见了，信上说："大王灭吴，我的本份已尽，现有两个人留不得。一是西施，她迷惑夫差，使之亡国，如果留下她，她还会迷惑您，因此我把她杀了。另一个就是我自己，我如果活着，也许要扩大势力，对您是很危险的，因此，我把我自己杀了。"其实，范蠡是带着西施泛游五湖，经商致富去了。

实际上，西施被沉水而死，我们却不愿面对这一现实，而是把这些历史事实美化、淡化，把女人看作是可以兴国、可以亡国的神佛。但男人们不知想到没有，在他们创造了西施这一光照千古的形象之后，他们自己内在的怯懦与虚弱也就暴露无遗了！

第二章
忍辱负重

西施为越国灭吴作出了重大的牺牲。一个年轻貌美的女子，正当享受生命中最美好的时光，却不惜以身体为代价，跟一个年老体衰的武夫相伴数年，整日强装欢颜，搔首弄姿，这要忍受多么巨大的痛苦啊！

西施是负着重要使命去的，说到底，是为了"国家"。这个"国家"是越王一个人的，也即是说，西施作出如此大的牺牲、忍受那么多的苦楚，只是为了越王一个人。一国灭另一国，不是凭武力，而是借助女色等，并且使人民遭受到无穷的痛苦，这种交替是否很有意义？而且，西施作为个体，她的牺牲是自觉自愿的，因此有必要说，西施的"忍"有一层悲剧色彩。

第三章　以屈求全

　　懦弱之忍与屈辱之忍差不多，但仔细想想，还是有差别的，懦弱之忍是纯粹的因胆小怕事而甘愿忍气吞声，而屈辱之忍则是一种大智慧，屈辱背后隐藏着一个目标，为了实现这个目标而甘愿受辱，由此可见，懦弱之忍与屈辱之忍本质上的差别远矣。

刘禅乐不思蜀

都说虎父无犬子，可叹刘备一生英雄，结果却出了个扶不起的刘阿斗。"此间乐，不思蜀"道出了刘禅不折不扣的懦弱之恶。

扶不起的刘阿斗

刘禅的天下本是继承父亲刘备的基业得来的。刘备以织席贩履起家，以所谓的"汉室宗亲"为名号招揽了一群义士，更主要是得了诸葛亮，从而与江东孙权、魏国曹操三分天下。为报关羽之仇，怒而兴师，以至于殒命白帝城。于是，把刘禅托付给了诸葛亮。

刘禅继位之时，蜀国已今非昔比，但有一点可以说明刘禅绝不是昏聩之君，那就是对诸葛亮言听计从。怎奈刘禅天生懦弱，又没有雄才大略，不是司马昭的对手，诸葛亮死后没多久，魏军兵临城下，刘禅便没了主意。《三国演义》中是这样记述的：

却说后主在成都，闻邓艾取了绵竹，诸葛瞻父子已亡，大惊，急召文武商议。近臣奏曰："城外百姓，扶老携幼，哭声大震，各逃生命。"后主惊惶无措。忽哨马报到，说魏兵将近城下。多官议曰："兵微将寡，难以迎敌；不如早弃成都，奔南中七郡。其地险峻，可以自守，就借蛮兵，再来克复未迟。"光禄大夫谯周曰："不可。南蛮久反之人，平昔无惠，今若

投之，必遭大祸。"多官又奏曰："蜀、吴既同盟，今事急矣，可以投之。"周又谏曰："自古以来，无寄他国为天子者。臣料魏能吞吴，吴不能吞魏。若称臣于吴，是一辱也；若吴被魏所吞，陛下再称臣于魏，是两番之辱矣。不如不投吴而降魏。魏必裂土以封陛下，则上能自守宗庙，下可以保安黎民。愿陛下思之。"后主未决，退入宫中。

次日，众议纷然。谯周见事急，复上疏诤之。后主从谯周之言，正欲出降，忽屏风后转出一人，厉声而骂周曰："偷生腐儒，岂可妄议社稷大事！自古安有降天子哉！"后主视之，乃第五子北地王刘谌也。后主生七子：长子刘璿，次子刘瑶，三子刘琮，四子刘瓒，五子即北地王刘谌，六子刘恂，七子刘璩。七子中惟谌自幼聪明，英敏过人，余皆懦善。后主谓谌曰："今大臣皆议当降，汝独仗血气之勇，欲令满城流血耶？"谌曰："昔先帝在日，谯周未尝干预国政；今妄议大事，辄起乱言，甚非理也。臣切料成都之兵，尚有数万；姜维全师，皆在剑阁，若知魏兵犯阙，必来救应：内外攻击，可获大功。岂可听腐儒之言，轻废先帝之基业乎？"后主叱之曰："汝小儿岂识天时！"谌叩头哭曰："若势穷力极，祸败将及，便当父子君臣背城一战，同死社稷，以见先帝可也。奈何降乎！"后主不听。谌放声大哭曰："先帝非容易创立基业，今一旦弃之，吾宁死不辱也！"后主令近臣推出宫门，遂令谯周作降书，遣私署侍中张绍、驸马都尉邓良同谯周赍玉玺来雒城请降。

这就是刘禅投降的经过，兵临城下便没了主见。实是懦弱之极，众大臣的计策一概不用，独选中了谯周之计——投降，面对臣子的死谏，不是悔悟。根据当时的情况和形势来看，蜀国照理还不至于灭亡，何也？后主刘禅虽然无能，但还不至于像桀、纣一样残暴；虽然屡战屡败，还不至于土崩瓦解；即使不能固守，但撤退还可以保存力量，再等机会。当时，蜀将罗宪还率领重兵守在白帝城，霍弋还有精兵镇守夜郎。加上蜀国地形险要，山水阻隔，步兵很难长驱直入，假如蜀国收集所有的船只，在坚守不出的同时积极招募士兵，向东吴请援，这样做的话，像姜维、廖化等几员大将必定会积极响应，吴国水陆二军也会迅速救援，鹿死谁手也很难说定。况且魏军远道而来大举进攻，想追击又缺乏船只，想常驻又怕军众疲惫而生不测。而且成败因时而定，形势也会不断变化，慢慢再吸取旧部来攻曹魏，到那时，形势可能会逆转直下，如此有利的形势，刘禅不会利用，被曹魏之军吓破了胆，实在是懦弱至极。

懦弱屈辱不思复国

刘禅则已被俘，司马昭责问曰："上荒淫无道，废贤失政，理宜诛戮。"刘禅被吓得面如土色。其实，刘禅无能倒是确实，但总不至于司马昭所说的荒淫无道，生逢乱世争天下，胜者王侯败者贼，这又有什么呢？刘禅在司马昭淫威下连屁都没敢放，忍气吞声，也枉为蜀汉天子，也真够能"忍"的！

司马昭可能是看透了刘禅的懦弱性格，倒也没杀他，还封其为安乐公，赐住宅，月给用度，赐绢万匹，僮婢百人。一日，刘禅亲自到司马昭府拜谢。司马昭设宴款待，先以魏乐舞戏于前，蜀官皆怂感，独有刘禅有高兴之色，司马昭对贾充道："人之无情，乃至于此！虽使诸葛孔明在，亦不能辅之久全，何况姜维乎？"于是问刘禅："颇思蜀否？"刘禅曰："此间乐，不思蜀也！"这种人也真够能忍的，哪里还懂得世上还有"屈辱"二字呢？更别说思谋复国了。

第三章
以屈求全

李后主悲词万里长

　　艺术家与政治家的生命情调截然不同，前者软弱，后者果敢；前者感情细腻，后者狡猾奸诈。如果二者相斗，艺术家除了写诗作赋外，其余的也只有忍的份了。

生性懦弱胆小怕事

　　从古至今，艺术家或文人雅士给人的印象是感情丰富、浪漫细腻，这种人似乎与政治沾不上边，然而中国却出了好多位"艺术家帝王"，如陈后主、宋徽宗，最出色的当属南唐后主李煜了。

　　李煜本是文人，但依靠祖辈传下来的基业，这个南唐皇帝当得倒也逍遥快活，每天写写词、赋赋歌。谁知好景不长，宋太祖的铁骑打破了他的好梦。宋军数十万雄师攻破建康，李煜只好身着白衫，头戴纱帽，迈着沉重的脚步带领皇族与属下出宫递上降表。平南将军曹彬率部下把被俘的李煜等四十余人押解到船上，从水路奔赴大宋国都汴京。曹彬久闻李煜是一位风流倜傥才华横溢的词人，如今同乘一只船，他好奇地凝视着李煜那俊秀的容貌，果然不凡，但此刻却现出一脸怅然若失的神色，不禁对他轻蔑地一笑：如此懦弱之君，焉有不亡国灭族之理？

　　宋代的大文学家苏轼评论说：国破家亡之后，李煜应该首先想到的是自己丢掉了祖宗创下的基业，应该到宗庙前痛哭，并向百姓谢罪。但是他根本没这么做，而是去听教坊乐手演奏《别离歌》，惋惜自己再没机会与宫娥彩女寻欢作乐了，这样不亡国才怪呢？其实李煜何尝不想国力昌盛，但是性格使然，让他在皇帝的位子上实在是勉为其难。

李煜之所以懦弱到如此地步，看看他从孩提时代到登上王位所处的环境就不难理解了。

幼小的李煜即是父母的掌上明珠，他的皇父李璟算不上一位有作为的国君，却是颇有才气的词人，自然而然潜移默化地陶冶李煜的才能，使他从小就饱受得天独厚的滋养，并使他对词的创作取得空前的成就。李煜真可谓是在钟鸣鼎食、诗词歌赋的南唐深宫里长大的，又从未冲杀疆场，长期生活在这样的环境里养成了胆小怕事的性格。

兄长李弘冀被立为太子后，打了一次胜仗。吴越几十名降将被带到建康城郊。李璟有旨：不杀俘虏。可是他背着李璟，抢起寒光闪闪的钢刀，像砍大萝卜似的，一个个降将的头颅骨碌碌地滚落下来。有的人头还双目瞪得如牛眼，嘴巴啃地，沾满泥土。那血淋淋惨烈的场面，令人目不忍睹，吓得李煜多少日子，几乎每个夜里从梦中惊醒都不寒而栗。

忍却也帮了李煜的忙，他以隐忍之计逃过了长兄的迫害，这可能也是迫于无奈吧？李煜怕自己遭到兄长李弘冀的迫害，就自称"钟山隐士"，并自己动手刻了"钟山隐士"、"钟锋白莲居士"等数枚以为藏书、题画之用的印章。终日埋头于填词、书法、绘画或者同宫女们戏耍，隐居在深宫中，对朝政不闻不问。李煜迫于长兄的嫉恨，以这种办法，还真的保全了自己的性命。

不断退让毒杀忠良

李煜的皇后去世时，宋太祖曾派使臣魏丕去南唐吊祭，实际是借

机让魏丕观察李煜的想法和打算。魏丕在周后灵前吊唁后，李煜设宴款待，请魏丕赋诗。魏丕提笔一挥而就，其中有两句是："朝宗海浪拱星辰，莫教雷雨损基肩。"暗示宋太祖处心积虑要统一天下。李后主君臣看罢，惊诧不已。按理说，李煜应马上作出反应，以守为攻，依靠南唐地势和举国贤才，作好应对之策。可是他写诗赋词还可以，一提打仗，早已吓破了胆，忍着算了。

不久，宋太祖就命崔彦进、曹彬等四员战将率六万大军，分兵两路直取后蜀。后蜀被攻破的消息传到江南，犹如晴天霹雳，南唐举国震惊。敏感的李煜暗想：孟昶踞剑门天险，固若金汤，宋军一到，顷刻陷落，束手就擒；而我仅凭长江天险，恐怕江山难保！

很快，宋太祖又兴师讨伐与南唐国土接壤的小国南汉。仅数日即攻破南汉。李煜心里明白：这是杀鸡给猴看，也深知"唇亡齿寒"的道理。不仅如此，宋太祖灭掉南汉之后，大军移师汉阳，其锋芒直指南唐，气势咄咄逼人。宋朝此举把李后主吓破了胆，惶惶不可终日。

宋太祖对南唐蓄谋已久，虎视眈眈，步步紧逼，致使李煜恐惧得寝食难安。那么，在不可多得的御敌良机面前，他为什么一而再地错过呢？只一个字，就是"怕"！一个"怕"字使他什么都能忍，忠良之计不敢用，敌国挑衅不敢应战，一味的忍气吞声，其结果可想而知。宋太祖肆无忌惮、得寸进尺地威胁欺凌南唐。有识之士深为社稷担忧，有人曾向李煜奏禀，宋太祖在荆南制造几千艘战舰，意在谋取江南。南唐爱国志士纷纷主动向李煜上表，请求前往荆南秘密焚毁战舰，破坏宋朝南犯的计划，可李煜却胆小怕事，不敢准奏。

南唐并非没有忠臣良将。镇海军节度使林仁肇身经百战，屡立战功，就连宋太祖也佩服他的军事才能。林仁肇忠君爱国，时刻为南唐社稷担忧，为了社稷永固，专程进京密奏防御之策。

由于宋太祖整日威逼江南，李煜已如惊弓之鸟，巴不得有人救助，听说朝臣来献御敌之策，急忙到光政殿等候。林仁肇胸有成竹地向李煜献出他的御敌之策：宋朝淮南诸郡防守薄弱，而又连年出兵，灭西蜀，平荆湖，现在又攻取岭表，往返数千里，军士疲惫，兵家称之为"有可乘之势"。请陛下给臣精兵数万，出寿春，渡过淝水、淮河，占据正阳，依靠那些怀念故国的士民和积蓄多年的粮草，收复过去的疆土，必将势如破竹。臣起兵之日，陛下派快骑报告宋朝，就说臣私自举兵反叛。此事若成功，国家享其利；若不成，请诛臣族，以表明陛下未参与此事。

李煜听罢林仁肇所献御敌之策，立刻吓得龙颜失色，连连摆手阻拦："此乃惹火烧身之策，使不得，使不得，如照此策行事，势必会招来宋兵！"一朝天子，面对敌国的咄咄逼人，如此胆小懦弱，焉有不灭之理。无疑，这使南唐失掉了一次防御宋朝南侵的良机。这就是艺术家在政治上的守势。而对如此之君，也枉费了忠良之臣的一片苦心。更可悲的是，李煜中了宋太祖的反间计，以为林仁肇与宋朝私通，于是以鸩酒毒杀了林仁肇。

后来，沿江巡检卢绛也来向李煜献策："吴越仇雠，乃腹心之疾也。他日必为北兵向导以攻我。臣屡与之角，知其易攻，不如先出其不意灭之。"

李煜非常胆怯地问："如果宋朝来讨，奈何？"

卢绛信心百倍地回答："臣请诈以宣、歙二州叛，陛下可边声言讨伐叛军，边以金珠宝贝贿赂吴越国，请吴越国发兵。吴越之兵，势不得不出。待吴越兵到之时，再迎头痛击之。而臣袭其后，定可一举灭掉吴越！吴越既灭，则我国国威大振，北兵亦不敢妄动矣！"

此等冒险御敌之策，李煜岂敢采纳！而且视如洪水猛兽一般，急忙命卢绛退下。由此可见，南唐并不是没有能人，主要是国君太软弱了。

在宋太祖谋取江南之际，南唐中书舍人潘佑向国主李煜连上六道

奏章，论国势日渐衰弱的时政，指责朝中公卿将相多为酒囊饭袋，将误国政，并提出治理国家的措施。李煜也曾不止一次亲批奏章，对其观点大加赞赏，但一直未能付诸实施。潘佑盼望祖国强盛心切，眼见自己上的奏章如石沉大海。忍无可忍，于是上了最后一道奏章，李煜展开一看，其抨击的锋芒直接指向自己，言辞极为激烈。这时的李煜忍不住了，龙颜不禁大怒，未及看完就把奏章摔在龙案上。坐在一旁的徐铉见有机可乘，拾起那足以能诋毁潘佑的言辞往他头上罗列罪状，加之张洎的奉和，这两位朝臣一唱一和，就把为朝廷一向忠心耿耿的潘佑说得罪该万死，死有余辜了。

天性优柔懦弱的李煜还有偏信的性格。听了张、徐对潘佑的谗言，勃然大怒，当即降旨，赐死潘佑。由此可见李煜的懦弱，对敌国忍气吞声，对忠良之士的爱国之情却逆耳难进，这不灭国又能是什么呢？

忍气吞声国破身死

林仁肇和潘佑这两位文臣武将是南唐不可多得的重臣，而且也是大江南北诸国敬畏的名人。李煜连续诛杀他们，无异于明崇祯杀袁崇焕一样，自毁长城。

宋太祖闻听李煜所为，喜出望外。他从心底里感谢李煜，认为取南唐的时机已到，理应兴师讨伐江南。然而，他在发兵之前还要来个先礼后兵，以示宽宏：让属下按照当年给孟昶建宅的规格，给李煜营造一座园林式的宅院，规模仅次于自己的宫殿，而且他还曾亲临建筑工地指导。这座壮观华丽的宅第建成后，召李煜乔迁，可他拒而不受。

继而，宋太祖又向李煜来个不大不小的挑战：遣使对李煜说："朝廷要修天下图经，独缺江南版图。"敏感心细的李煜不会不知道宋太祖的用意，可他不敢抗旨，不得不违心地命人录了一个列本送去。

作为一国之君，把自己的国家的版图交给异邦的国主，岂不是天大的笑话！

宋太祖由此掌握江南各州的人丁数目，之后便胸有成竹地兴师取江南。李煜听说宋太祖已调兵南进，才放马后炮，连忙上表请求接受大宋的册封。宋太祖见李煜敬酒不吃，偏吃罚酒，轻蔑地一笑，没理睬。等到宋朝数万大军已兵临城下，李煜由朝臣陪侍火速登上城楼一看，只见四郊都是宋军的旌旗，迎风招展，帐篷漫山遍野，顿觉头晕目眩，两腿发软。内侍忙搀李煜下了城楼，即刻传旨召来文武重臣商议抗敌之策。朝臣纷纷议论一阵之后，张洎出班跪奏："外援已经断绝，建康城危在旦夕，急应组织敢死队，夜间出城，潜入宋军大营，打他个措手不及。"

李煜摇头不语。陈乔又出班奏道："自古无不亡之国。降，自取其辱，未必得全。臣请背城一战，即使同圣上一道殉国，死而无憾！"李煜听了陈乔这番豪言壮语也没提起精神，却下龙椅握住他的手痛哭流涕，没有勇气采纳他的意见。

李煜被押送到汴京，监于明德楼下听候发落。他浑身如筛糠似的抖动，听太监宣读圣旨："皇恩浩荡，封李煜为违命侯。"李煜暗想，谢谢天谢地，谢不杀之恩。他被俘后就悬着的一颗心总算落下来了。可又想："违命侯究竟是个什么封号呢？"他细心一揣摸，其中含有讥讽与侮辱之意。他的心顿感难受，但总算没死，也就忍了。不忍还又能如何呢？面对宋朝的欺凌哪一次不是忍气吞声，何况此次与每次不同，自己已是亡国之君。

太监读完圣旨，又说："圣上不杀你，并赐园林宅第一座，你还不快接旨谢恩！"李煜这才如梦初醒，连忙三拜九叩谢太祖龙恩，侍立楼下。

宋太祖驾崩，御弟宋太宗即位后，小周后常常被召进宋宫，说是侍候皇上燕乐，一去就是很多天才能放出来。至于她进宫到底做些什

么？作为她的丈夫李煜一直不敢想象。只是她每次从宫里回来就把门关得紧紧的，一个人躲在屋里悲悲切切地抽泣。有一回，李煜实在憋不住了，破门而入，俯身安慰。谁知，小周后霍地起身，满脸是泪，可怜无助地号啕大哭。那宋太宗乃赳赳武夫，温柔不足，粗暴有余，只知对她发泄摧残，哪如她与李煜夫妻绵绵的情义。

李煜无可奈何。如今国破家亡，做了阶下囚，除了把哀愁、痛苦、眼泪往肚里咽，还能说什么？在一个乌云蔽日、细雨绵绵的天气里。囚禁李煜的宅第，传出侍妾们为他祝寿的如泣如诉的歌声。这是李煜最近蘸着血和泪铸成的一阕《虞美人》：

> 春花秋月何时了，往事知多少？
>
> 小楼昨夜又东风，故国不堪回首月明中。
>
> 雕栏玉砌应犹在，只是朱颜改。
>
> 问君能有几多愁，恰似一江春水向东流。

正当小周后和黄保仪频频举杯为李煜祝酒时，宋太宗的赐酒到了。可怜的李煜喝了两杯后就中毒死了。原来，囚禁李煜的小院，昼夜都有宋太宗设下的耳目出没。李煜侍妾们的歌声一传出，就被耳目记下歌词奏报朝廷。宋太宗为把小周后接进宫，一直要谋害李煜，正愁没理由。有了这个借口，当即派人鸩杀了李煜。李煜死时只有42岁。

这就是一代君王甘愿屈辱、甘愿忍气吞声的结果，落个国破身死的结局。

忍经

我们为李煜之忍叹息，这种忍自然不足取，可这种懦弱之忍，在某种意义上讲倒也有可取之处，那就是帮了赵匡胤的忙，结束了南北长期分裂的局面，在历史的进步上有一定的意义。虽然如此，又有谁去赞扬李煜了呢？人们倒是欣赏赵匡胤的文治武功。看来这种忍只能让艺术家或文人雅士气愤，读书人长叹罢了。面对这样的忍，人们又能说什么呢？

第二章
以屈求全

第四章　不忍之忍

　　中国传统谋略讲究韬光养晦，洞烛幽微。而不忍之忍所缺乏的就是这一点，不忍之忍不会忍，忍得了一时，忍不了一世，是羞羞答答的忍，所以这种忍很难成大气候。

吕不韦善谋不善忍

　　吕不韦，可以说在中国历史上是一位颇有影响的人物。他虽是商人出身，但所为早已超过了商人的内涵，这是他的绝大智慧，他做成了中国历史上第一笔政治生意，买下了一个王朝，殊不知，物极必反，盛极必衰，结果是善谋不善忍，究其根源还是忍得不够。

政治投机秦国为相

　　吕不韦把政治当做商业来经营所取得的巨大成功，使后人留下个结论：那就是中国人最有商业意识，而且世界上最大的商人也在中国。从这个结论的后面，我们还应看到一个问题：就是吕不韦善谋不善忍。善谋，他买卖了一个国家；不善忍，经营政治与商业毕竟是两码事，搞不好恐怕要自身难保。

　　战国末期，秦赵争雄，秦国战败，将公子异人送到赵国做人质，使得大商人吕不韦从中发现了大商机。

　　有一次，吕不韦经商来到赵国都城邯郸（今河北邯郸），遇见在赵为人质的秦贵族异人。异人是秦太子安国君之庶子，其母夏姬失宠，因而委质于赵。由于秦连年攻赵，赵国对这位秦国的人质很不客气。异人在赵财用不足、居处困乏，甚不得意。吕不韦得知这一情况，一面对异人的处境深表同情，一面觉得这是他结交贵族、进身仕途的大好时机，不禁感慨地脱口出："此奇货可居！"他决定利用异人，凭其多谋善变的手腕，进行一次政治投机。

　　他先将五百金交与异人，作为结交宾客士人的财用；又以五百金购置了奇物玩好，亲自带往秦国。来到秦国以后，吕不韦首先求见华阳夫人的姐姐，以疏通关节。他将所带来的珠玉珍宝、奇器古玩统统献给华阳夫人，并放出风说，异人不但贤仁智慧，交结天下诸侯宾客，而且非常孝顺，日夜思念父亲和华阳夫人。华阳夫人闻听此言满心喜悦，对异人颇有好感。吕不韦又趁机使华阳夫人之姐游说华阳夫人："以美色事人者，色衰而失宠。如今夫人侍奉安国君，虽甚受宠爱而无子，不如趁早在诸庶出之子中挑选一位贤孝之人，言于安国君，立为夫人的嫡子。如此，丈夫在则受尊重，即便丈夫百年之后，所立嫡子继为王者，夫人终不失势，此所谓一言而万世之利也。不以此繁花似锦之时来培植根本，作长久打算，等到人老珠黄以后，再想向丈夫进一言，还有机会吗？现在异人孝敬夫人，并自知排行居中，依兄弟次序不得为嗣，他的生母又得不到宠幸，故来依靠夫人。夫人如果在此时选他为嫡子，异人必定感恩图报，那么，夫人终身有宠于秦国啦。"华阳夫人觉得此言有理，就找了一个机会，在安国君面前说，委质于赵的异人十分贤明，凡与之交往者毕称誉不绝，接着又哭诉说："妾有幸得充后宫，不幸无子，希望能让异人立为嫡嗣，以托付妾身。"安国君自然应允。于是，与华阳夫人刻玉符为约，决定立异人为嫡子，作为将来的接班人。

　　从此以后，安国君和华阳夫人就为异人送去了丰厚的财物，并聘吕不韦为其师傅，从中教诲。这样一来，不仅异人的名声享誉诸侯，而且吕不韦也由此而弃商从政，逐渐进入秦国的统治集团。

　　吕不韦在赵国之时，与邯郸的一位能歌善舞的绝色佳人姘居，后

第四章
不忍之忍

来，这位赵姬怀有身孕。一天，异人在吕不韦处饮酒，遇见了赵姬而十分喜欢，便趁着酒兴向吕不韦提出，要纳赵姬为妾。吕不韦一听，不由怒火中烧，继而转念一想，如今自破家产扶植异人，本身就是打算钓此奇货以渔后利，何不趁机再下一点本钱，以便将其进一步控制？于是，他爽快地答应了异人的要求，将赵姬献与异人为妾。此时，赵姬已有两个月的身孕，自己却匿而未告诉异人。说来也奇怪，又过了8个月，赵姬仍未生产，直到第12个月时，才于秦昭王四十八年（公元前259年）正月才在邯郸生下一子，取名为政。赵姬益发受异人所宠，被正式立为夫人，其子政即后来成为秦始皇。由于她与吕不韦有如此关系，故世传秦始皇即是他们的私生子。

不管怎么说，吕不韦已经利用与赵姬的裙带关系，将异人牢牢地拴在身边加以操纵了。接下来就是要设法回到秦国，获取其应有的地位和权势。公元前257年，秦将王龁率兵围攻邯郸，紧急之中，赵国打算杀掉异人。吕不韦趁机与异人商议逃归秦国。他用六百斤黄金设法行贿守城官吏，才得逃脱监视，出城来到秦军营，转辗回到秦国。异人来到咸阳拜见安国君和华阳夫人。吕不韦又面授机宜，让异人着楚国服装去取悦原为楚女的华阳夫人。果然，华阳夫人认为这位嫡子能体谅其心，的确孝顺不同一般，就为其改名子楚，他在秦国的地位进一步得到巩固。

过了六年，秦昭王病故，安国君继立为秦王，是为孝王。华阳夫人为王后，子楚自然而然地当上了太子。次年秦孝文王逝世，子楚即位，是为庄襄王。庄襄王尊华阳后为太后，其生母夏姬为夏太后，同时以吕不韦为丞相，封为文信侯，食封河南洛阳十万户。庄襄王即位三年后逝世，太子政立为秦王，时年仅13岁，当年的赵姬如今成为太后。更尊吕不韦为相国，并效法齐桓公礼敬管仲之称，号吕不韦为"仲父"，执掌国政。吕不韦的政治投机达到了巅峰。

功高震主走上绝路

吕不韦为相之初，嬴政年幼，国事皆委托于大臣，吕不韦权势显赫。加之庄襄王死后，太后与吕不韦旧情复萌，时常暗中私通。吕不韦自恃有太后做靠山，更肆无忌惮地揽权专横，仅其家僮奴仆就达万余人，作威作福无以复加。然而，随着嬴政渐渐成人，吕不韦担心自己与太后的私情被其察觉，举止有所收敛，以防后患。同时，他招纳深谙房中术的嫪毐为舍人，又将其献给太后，与之淫乱，甚至诈受腐刑，以为宦者，常年住在后宫。这样，吕不韦得以离开太后左右，避人耳目。

嫪毐与太后私通，深得太后欢心，竟得私生子二人，嫪毐还与太后密谋，一旦嬴政死后，即以他们的私生子即位。嫪毐请封，为长信侯，赏赐甚厚。嫪毐竟因此步步把握朝政，国事皆听嫪毐决断。嫪毐势力大增，有家僮奴仆数千人，还有门客千余人，希望通过他的路子为宦从政。

吕不韦和嫪毐相继专权，激起嬴政的不满。他21岁时，到亲政的年龄，嫪毐恐嬴政亲政后于己不利，便在公元前238年嬴政在行冠礼（成人的仪式）之时，发动了叛乱。他假借嬴政和太后的玉玺调发军队，并纠集门客意欲攻打蕲年宫，夺取政权。嬴政早就得知嫪毐与太后的暧昧，对之恨恨不已，并有所防备，得到嫪毐叛乱的消息，即迅速调兵镇压。双方战于咸阳，嫪毐等败走。嬴政悬赏，捉拿到嫪毐者，赐钱十万；能杀了他的，赐钱五十万。不久，嫪毐及作乱的党徒均被擒获。嫪毐被车裂灭族，其门客或被罚作徒役，或被流放远方。通过这场斗争，嬴政大大巩固了自己的王权。

嬴政亲政以后，打垮了嫪毐的势力，与吕不韦的矛盾也日益尖锐

第四章 不忍之忍

起来。这不仅仅是由于吕不韦功高震主，而且是因为嬴政非常欣赏韩非的法家学说，主张国君拥有至高无上的权势，设重刑驾驭群臣，治理百姓。这与吕不韦兼儒墨道法的杂家思想是格格不入的。此时，吕不韦居然还公布《吕氏春秋》，显然激化了他与嬴政之间的思想分歧。嬴政决心扫除他发展王权道路上的最大政治障碍。

公元前237年，嬴政借口吕不韦与嫪毐叛乱事件有关联，免去了吕不韦相国之职，并打算将其诛杀。又因为他侍奉其父庄襄王出力颇多，佐其即位，有功于其父子，加上各路宾客辩士为之游说求情者甚众，嬴政才不忍将吕不韦治于法，仅令他回到洛阳的封邑之中，离开了秦国的政治中心。

然而，凭吕不韦的资历和声望，在诸侯中有很大影响，山东六国不断派人前往洛阳探视、问候吕不韦，甚至请其出山，为诸侯效力，使者相望于道，络绎不绝。吕不韦在秦国虽然失势，但在天下纷争的大局中，仍然处在政治的漩涡而不能自拔。在这种情况下嬴政才迫其迁徙至蜀，最终使吕不韦走上了绝路。

> 吕不韦的后半生犯了一个极大的错误，首先，他忍不住与赵姬的旧情，仍与其私通，岂知嬴政绝非异人可比，他怎能忍受得住母亲与人私通；其次，他向赵姬推荐了嫪毐，终使嫪毐坏了大事，牵连了自己；再次，从秦国退出后，已积累了千金巨资，应找一合适之所隐居经商与政治隔绝，如此驻足观望，秦始皇哪能容他？
>
> 然而，吕不韦就是吕不韦，如果他能忍得住，或许当初他也做不成这笔政治生意，那又怎么能名垂后世呢？

名士不忍遭横祸

在中国历史上，有个惊世骇俗群体，他们特立独行而随情任性，无拘无束而逍遥自在，恣肆癫狂而独得其乐，这就是"名士"。名士的特点就是随心所欲不善忍耐，也就很容易找惹祸端。

孔融牢骚惹祸端

名士爱发牢骚，不会忍。如果能忍不发牢骚，就不是名士品格了。在汉朝末年，中国历史上出了一位真正的名士，那就是北海孔融，面对抱有篡权野心的曹操，他仍然放言无忌。

汉献帝建安十三年（公元208年），太中大夫孔融被公开处死。孔融仗着自己的才干与名望，屡次戏弄、嘲笑曹操，随便发表议论，褒贬人物，多与曹操意见不合。曹操因为孔融名声很大，所以表面上容忍他的言行，而实际上在内心里十分厌恶。后来，孔融又上书给献帝，提出"应该遵照古代的王额制度，在京顺周围一千里的地方，不可建立封国"。这就更加触犯了曹操的利益。曹操发现孔融的议论范围越来越广，对孔融更加忌惮。孔融与郗虑一向有矛盾，郗虑秉承曹操的意思，网罗他的罪状，命令丞相军谋祭酒路粹上奏说："孔融从前担任北海国国相时，看到天下大乱，就召集徒众，准备图谋不轨。

第四章 不忍之忍

后来与孙权的使者谈话，又讥讽、诽谤朝廷。另外，他从前与平民祢衡在一起的时候，行为十分放荡，又互相标榜，祢衡称赞孔融为'孔子不死'，孔融称赞祢衡是'颜回复生'。这些都是大逆不道的行为，应该处以极刑。"于是，曹操下令逮捕孔融，连他的妻子儿女一起处死。孔融虽遭不测之祸，但其超卓的名士风采却给人留下了永恒的向往。

起初，他的好友脂习经常告诫孔融，要他言行慎重，不然会招来大祸。等到孔融被杀后，没有人敢去收葬孔融。脂习前去摸着孔融的尸体哭着说："孔文举弃我而去，我为什么还活着？"曹操逮捕了他，打算处死，接着又把他赦免了。

发牢骚本是名士的固有品格。如果善于韬光养晦，就不是名士了；而善于韬光养晦，才是政治家的固有品格。如果不懂得韬晦术，不会搞权谋，那是永远也成不了政治家的。名士与政治家终究是殊途异志，二者相遇结果可想而知。

杨修聪明遭人忌

妒忌是人的本性之一。如果臣下不懂得谦逊退让，不懂得韬光养晦，而是处处张扬自己的才华，弄得君主或是上司经常难堪，那也就好景不长了。所谓文人相轻，恃才傲物，普通人之间尚且互相瞧不起，更不用说君臣之间了。杨修之死就是个很好的明证。

三国时期的曹操是个非常有文采的人。大文豪鲁迅就称赞他是"改作文章的祖师"。曹操文采智计，可谓当世难得其匹。但曹操不能容人。他手下的主簿杨修，处处窥破曹操的心意，曹操如何能容，必置杨修于死地而后快。《三国演义》有一段描述，十分生动，兹摘录如下：

原来杨修为人恃才放旷，数犯曹操之忌。

操尝造花园一所，造成，操往观之，不置褒贬，只取笔于门上书一"活"字而去。人皆不晓其意。修曰："'门'内添'活'字，乃'阔'字也。丞相嫌园内阔耳。"于是再筑墙围，改造停当，又请操观之。操大喜，问曰："谁知吾意？"左右曰："杨修也。"操虽称美，心甚忌之。

又一日，塞北送酥一盒至。操自写"一盒酥"三字于盒上，置之案头。修入见之，竟取匙与众分食讫。操问其故，修答曰："盒上明书'一人一口酥'，岂敢违丞相之命乎？"操虽喜笑，而心恶之。

操恐人暗中谋害己身，常分付左右："吾梦中好杀人；凡吾睡着，汝等切勿近前。"一日，昼寝帐中，落被于地，一近侍慌取覆盖。操跃起拔剑斩之，复上床睡；半晌而起，佯惊曰："何人杀吾近侍？"众以实对。操痛哭，命厚葬之。人皆以为操果梦中杀人；唯修知其意，临葬时指而叹曰："丞相非在梦中，君乃在梦中耳！"操闻而愈恶之。

操第三子曹植，爱修之才，常邀修谈论，终夜不息。操与众商议，欲立植为世子。曹丕知之，密请朝歌长吴质入内府商议；因恐有人知觉，乃用大簏藏吴质于中，只说是绢匹在内，载入府中。修知其事，径来告操。操令人于丕府门伺察之。丕告吴质。质曰："无忧也，明日以大簏装绢再入以惑之。"丕如其言，以大簏载绢入。使者搜看簏中，果绢也，回报曹操，操因疑修潜害曹丕，愈恶之。操欲试曹丕、曹植之才干。一日，令各出邺城门，却密使人分付门吏，令勿放出。曹丕先至，门吏阻之，丕只得退还。植闻之，问于修。修曰："君奉王命而出，如有阻挡者，斩之可也。"植然其言。及至门，门吏阻住。植叱曰："吾奉王命，谁敢阻当！"立斩之。于是曹操以为植能。后有人告操曰："此乃杨修之所教也。"操大怒，因此亦不喜植。修又尝为曹植作答教十余条，但操有问，植即依条答之。操每以军国之事问植，

植对答如流。操心中甚疑。后曹丕暗买植左右，偷答教来告操。操见了大怒曰："匹夫安敢欺我耶！"此时已有了杀修之心。

后来，曹操与蜀军对峙，不能取胜，只好收兵，在斜谷界口驻扎。《三国演义》中有如下描述：

操屯兵日久，欲要进兵，又被马超拒守；欲收兵回，又恐被蜀兵耻笑，心中犹豫不决。适庖官进汤，操见汤中有鸡肋，因有感于怀。正沉吟间，夏侯惇入帐，禀请夜间口号。操随口曰："鸡肋！鸡肋！"惇传令众官，都称"鸡肋"。行军主簿杨修，见传"鸡肋"二字，便教随行军士，各收拾行装，准备归程。有人报知夏侯惇，惇大惊，遂请杨修至帐中问曰："公何收拾行装？"修曰："以今夜号令，便知魏王不日将退兵归也：鸡肋者，食之无肉，弃之可惜。今进不能胜，退恐人笑，在此无益，不如早归，来日魏王必班师矣。故先收拾行装，免得临行慌乱。"夏侯惇曰："公真知魏王肺腑也！"遂亦收拾行装。于是寨中诸将，无不准备归计。

当夜曹操心乱，不能稳睡，遂手提钢斧，绕寨私行。只见夏侯惇寨内军士，各准备行装。操大惊，急回帐召惇问其故，惇曰："主簿杨德祖先知大王欲归之意。"操唤杨修问之，修以鸡肋之意对。操大怒曰："汝怎能造言，乱我军心！"喝刀斧手推出斩之，将首级号令于辕门外。

这就是"聪明一世"的杨修的结果，实在可叹！其实，杨修并不是个真正的聪明人，或者说，只是个"聪明过头"的人。真正的聪明人，是不会像他这样愚蠢到连讨人厌也不知道的。当然，我们并不是在这里一味地责备杨修，作无聊的慨叹，我们要说的应该是摒弃杨修的这一类小聪明，做大智之人。

孔融、杨修都是才华横溢之辈，却恃才傲物，忽视了自身的道德修养。修养不足自然气量狭隘，当忍不忍，最后横死于屠刀之下，哪还有机会发挥自己的才华呢？

魏延忍耐不到底

魏延是蜀中名将，但素来为诸葛亮所忌，虽然如此，魏延倒也忍住了，仍然忠心为蜀，当多次为诸葛亮所忌之后，仍没反思。诸葛亮命殒五丈原时，魏延忍不住了，也因此丢了性命。对于这种忍，真的不知是同情还是指责？

性高气傲遭遇偏见

魏延，字文长，义阳（今河南信阳）人。他之所以在三国留名，与其说是因为他作战勇敢，倒不如说是因为他落了个冤死的下场。

魏延是长沙降将，在刘备定蜀以前，魏延在蜀中并无多大名声。在刘备称汉中王时，魏延被破格提拔为"督汉中镇远将军，领汉中太守"。按照当时的情况，汉中是重镇，应当以名将镇之。大家以为此职非张飞莫属，张飞也自以为非己莫属。结果，却委作一个名不见经传的下军官担此重任，导致了"一军尽惊"，使得人们议论纷纷。

刘备也完全明白这种情况，他为了树立魏延的威望，刘备特意召开群臣大会，让魏延在会上陈述自己镇守汉中的方法。刘备问魏延说："今委卿以重任，卿居之欲云何？"延对曰："若曹操举天下而来，请为大王拒之，偏将十万之众至，请为大王吞之。"魏延的气魄使三军折服，魏延也因此树立了一定的威望。

到了建兴八年（公元231年），魏延升为西征大将军，封南郑侯。此时，魏延在各个方面都已经成熟，完全具备了独当一面的能力。那么，为什么魏延最终没有发挥才能，反而以反叛被杀告终呢？

究其原因，首先是由于与诸葛亮的性格不合。据说魏延"性矜高"，看不上别人，而诸葛亮为人却是"一生惟谨慎"，对那些富有开拓精神敢冒大险的建议难于采纳，对这样的人也一贯实行压制政策。魏延每次随诸葛亮出祁山北伐，都提一些出奇兵冒险的建议。他请求诸葛亮给他一万人，他要像韩信那样，从褒中出击，沿秦岭而东，当子午而北，十天之内可奇袭长安，与诸葛亮在潼关会师。对于这种设想，诸葛亮"制而不许"，魏延的积极性不免受到了极大的压抑，"常谓亮为怯，叹恨己才用之不尽"。时间一长，诸葛亮对魏延产生了偏见。

交恶于人终被诛杀

在诸葛亮已经不信任他的情况下，最容易被人谗毁。而谗毁他的人与他又有极大的矛盾，更为重要的是，这个人与诸葛亮关系密切，最后又手握大权。此人便是杨仪。《费祎传》上称魏延、杨仪二人"相憎恶，每至并坐争论"，《魏延传》上更形容二人"有如水火"。

诸葛亮在最后一次北伐中一病不起，自知命不长久，便背着魏延秘密地与长史杨仪、司马费祎、护军姜维等商量退军问题，做出了"令魏延断后，姜维次之，若魏延不从命，军便自发"的决定。诸葛亮这样安排退军，魏延不明真相，不服杨仪，不接受其指挥是完全可以想象的。果然，诸葛亮死后，杨仪采取了"秘不发丧"的措施，当费祎去探听魏延的意见时，魏延说："丞相虽亡，吾自见在。亲府官属便可将丧还葬，吾自当率诸军击贼，云何以一人死废天下之事邪？

且魏延何人，当为杨仪所部勒，作断后将乎！"如果向魏延解释诸葛亮的意思，魏延未必就不听指挥。结果是魏延与杨仪开战，使蜀军乱作一团。由于杨仪护送着诸葛亮的遗体，又拿着尚方宝剑，自然成了"正义"的化身。于是魏延便成了"反贼"。

当马岱将魏延的人头送给杨仪时，杨仪用脚踏着魏延的头说："庸奴，复能作恶不?"直到"夷延三族"，才解了个人心头之恨。

魏延在诸葛亮死后，因一时冲动而忘了大局，是不应该的。但我们在这里不是考虑论功行赏或是按律处罚的问题，而是说魏延完全可以不"反"，不听杨仪的话是不是"反"还是一个值得考虑的问题。如果魏延不是被杀，而是打了胜仗再回成都，向刘禅交差，情形会怎样呢? 问题在于诸葛亮没有安排好。岂止是没有安排好这一件事，整个魏延就没有用好。魏延认为自己在诸葛亮的手下是"不能尽才"，可谓切中要害。

> 如果魏延在诸葛亮死后好好反思，并不是没有建功立业的机会。多年都忍过来，到头来忍不住了，以至于丢了性命，还落个"叛臣"的骂名，实在是不值。

有大才没大忍的韩信

漂母之食，胯下之辱，说明韩信能忍；首次投奔项羽得不到重用，也说明韩信能忍；而对蒯通等人的劝说，他不为所动，也说明韩信能忍；当了齐王之后便忍不住了，开始有了想法，岂知刘邦虽是流氓无赖，但若论忍耐功夫比他高明许多，搞阴谋诡计他岂是对手？

忍受胯下之辱

韩信善于隐忍的事是十分著名的，他受胯下之辱的故事妇孺皆知。

韩信是淮阴人，自幼不农不商，又因家贫，所以衣食无着，想去充当小吏，却无一技之长，也未被录取。因此终日游荡，往往寄食于人家。他曾和亭长很要好，经常到亭长家里去吃饭，吃多了，也惹得亭长的妻子厌烦。于是，亭长的妻子提前了吃饭时间，等韩信到的时间，碗已经洗过很久了。韩信知道惹人讨厌，从此不再去了。他来到淮阴城下，临水钓鱼，有时运气不佳，只好空腹度日。那里正巧有一个临水漂絮的老妇人，见韩信饿得可怜，每当午饭送来，总分一些给韩信吃。韩信饥饿难耐，也不推辞，这样一连吃了几十日。一日，韩信非常感激地对漂母说："他日发迹，定当厚报。"谁知漂母竟含怒训斥韩信说："大丈夫不能自谋生路，反受困顿。我看你七尺须眉，好似公子王孙，不忍你挨饿，才给你几顿饭吃，难道谁还望你报答不成！"

韩信受人赐饭之恩，虽受激励，但苦无机会。实在穷得无法，只得把家传的宝剑拿出叫卖，卖了多日，竟卖不出去。一天，他正把宝剑挂在腰中，沿街游荡，忽然遇到一个屠夫，那屠夫有意给他难堪，嘲笑他说："看你身材长大，却是十分懦弱。你若有种，就拿剑来刺我。若是不敢刺，就从我的胯下钻过去。"说完，双腿一叉，站在街心，挡住了韩信的去路。韩信打量了一会屠夫，就爬在地下，径直钻了过去。别人都耻笑韩信懦弱，他却不以为耻。其实，绝非韩信不敢刺他，因为他胸怀大志，不愿与小人多生事非。如果一剑把他刺死，自己势必难以逃脱。所以，他审时度势，暂受胯下之辱。后来韩信跟刘邦南征北战，屡建奇功，被封为淮阴侯。他报答了漂母，但并未报复那个屠夫，而是把他找来，叫他当了一名下级军官。

难忍贰心叛变被杀

汉四年（公元前 203 年）十一月，韩信斩龙且，杀齐王田广，平定了齐国。对当时天下形势，谋士蒯通看得十分透彻。他想说服韩信背汉自立，于是面谒韩信说道："臣近来学习相术，相君之面，不过封侯；相君之背，则贵不可言。"韩信听他话中有话，就把他带人密室，这才问道："你刚才所言，是何用意？"蒯通直言道："当初发难，群雄四起，人才云集，主要是为了灭秦。秦灭之后，楚、汉相争，人民遭难。项王起兵彭城，转战南北，直逼荥阳，威震天下，今久困广武，连年难以进展。汉王率众数十万，据有巩洛，凭借山河，一日数战，却无尺寸之功，反连遭失败。臣观天下大势，非有贤者，不能息争。将军可乘机崛起，介于楚、汉之间，助汉则汉胜，助楚则楚胜，

楚、汉两主的性命，就操在将军手中。如能听臣计，不如两不相助，三分天下，鼎足而立，静待时机。像将军之大才，据有强齐，并吞燕赵，拥甲兵数十万，得时西进，为民请命，天下何人不服，何国不从？将来宰割天下，分封诸侯，诸侯皆感德畏威，争相朝齐，岂不是霸王之业吗？臣闻天与不取，是违背了天命，反受其咎；时至不行，是不用其时，反受其祸。愿将军深思熟虑，勿失良机！"

韩信听后，良久才道："汉王待我甚厚，怎能见利忘恩呢？"蒯通见韩信被忠、恩所绊，继续说："赵大夫文仲，存亡越，霸勾践，立功成名，尚且被杀，兔死狗烹，是不易之论。试想，将军的忠信，恐比不过越大夫文仲吧？且臣闻将勇震主，往往自危，功盖天下，往往不赏。今将军已蹈此辙，归楚楚不信，归汉汉必惧，那又到何处去安身？"韩信听了他的这一番话，觉得十分有道理，但又下不了决心，立即打断蒯通的话，说："先生不要再说，待我深思后，再做决定。"蒯通见韩信已经动心，便告辞退出。

蒯通走后，韩信想，我以前奉事项王，官不过郎中，位不过执戟，言不听，计不从。自归汉后，汉王授我将军印，令我统兵数万，解衣衣我，推食食我，现又封我为齐王，我若负德，必至不祥。且我擒魏豹、平赵、定燕、灭齐，战功颇多，汉王又怎能负我！于是，决定谢绝蒯通之言。

蒯通本来意谓韩信是个胸有大志的人，他静候数日，却杳无音信，就又找到韩信，说道："愿将军速做决断，时机难久，失不再来。"此时，韩信已下了决心，不背汉王，当即答道："先生勿要再言，我功劳甚多，又以忠信待汉王，汉王必不负我！"蒯通听后知再说无益，转身退出。他假作疯癫，离开汉营，不知去向。

汉十年（公元前 197 年）九月，代相陈郗反，自立为代王。汉高祖刘邦决定领兵亲征。将都中政事，内委吕后，外委萧何。韩信因为被刘邦削王为侯，心怀不满，于是一面派人暗中与陈豨联系，一面与家臣密谋，准备夜袭宫室。

不料有家臣得罪了韩信，韩信将其囚起，欲择日斩首。家臣之弟闻后，为救其兄，遂将韩信谋反之事上书报知了吕后。吕后闻听，十分惶恐，忙找来萧何商量对策。萧何献计道："可遣一心腹，扮作军吏，令他出城，再回长安，就诈称陛下已消灭陈豨，令他先来报捷。如此，群臣不知有诈，定入朝祝贺。韩信前来则罢，不来，我去将他诓来，然后乘机将他擒住。"吕后连称好计，当即二人分头行事。

果不出所料，消息传出后，众臣先后入贺，只韩信仍闭门不出。于是萧何以探病为由来到韩信住所，寒暄数语后，萧何才道："主上报捷使已到，众臣皆贺，唯君不往，恐为不妥，不如随我一齐前往，以释众疑。"萧何为朝中长者，又贵为丞相，韩信不好推辞，只得随着萧何入宫。

韩信刚一迈进宫门，忽听一声大喝："将韩信拿下！"话音未落，两边甲士已将韩信捆绑起来。韩信大叫道："我犯何罪，为何擒我？"吕后怒道："你串通陈豨，阴谋为乱，现有你家臣的书信为证，看你如何狡辩？"韩信心知事已败露，也不再多言。吕后当即下令，将韩信押往宫侧钟室斩首。临刑，韩信仰天长叹："我不用蒯通之言，反为女子所诈，这岂非天命？"

刘邦平叛回来以后，知道韩信已经被诛杀，也就承认了既成事实。他听说韩信临死以前说到了蒯通，便派专人调查，将其捉拿杀掉了。

应该说，韩信不会忍，更不能彻底地忍。当初天下四起时，不知拥兵自重，等到刘邦已定天下又心生二意，即使不被杀，保不准也落个乱臣贼子的骂名，像明末清初的吴三桂，终遭时人世人所唾弃。

第四章
不忍之忍

洪承畴难过美人关

　　"美人计"是三十六计之一。在中国传统社会里，多少顶天立地的英雄在高官厚禄、荣华富贵面前忍住了，不为所动。但难敌美人嫣然一笑。不知是美色的诱惑力大，还是这些男人的忍功没练到家，总之，在美色面前，这些人忍不住了。

洪承畴被俘不降清

　　在中国历史上，"美人计"的作用似乎无话可论，可大可小，大到亡国，小到亡家，不知是中国男人的忍耐力不够，还是美人计的威力无比；总之，"美人计"百用百灵。皇太极劝降洪承畴，应该说是一次较为有特色美人计。

　　洪承畴，福建南安县人，万历四十四年的进士，是最受崇祯皇帝信赖的抗清将领。清军欲挥师南下，首先要打破明朝的松锦防线。这是关外明军防御体系中一座最坚强的堡垒，而洪承畴就是这道防线的构筑者和前敌总指挥。

　　崇德五年（1640 年），清太宗对明朝设在辽西的军事重镇锦州进行包围，这是几年来清太宗对明战略重心的转移。此前，皇太极不断派遣强大的武装部队深入中原腹地，打击明朝的有生力量，动摇其统治的根本。等到明朝民心涣散、生产力严重破坏时，他果断地发动了对明朝的最后决战——松锦决战。

崇德七年（1642年），松山城守卫副将夏承德开城降清，松山失陷，洪承畴成了清军的俘虏。随后，皇太极乘胜追击，锦州守将祖大寿不战而降。皇太极把明将洪承畴、祖大寿带往盛京，因惜其才华，意欲招降二人。

祖大寿曾于十年前投降后金。当时他诈称妻儿女滞留在锦州城，要求回去迎取，并表示愿作后金内应。骗得皇太极信任后，他重返锦州城，依旧受命于明朝，并坚持抵御清军，长达十年之久。有了前车之鉴，祖大寿这次被俘后，很多满族将领建议杀掉这个背弃大凌河誓言的家伙。只有皇太极认为祖大寿胸怀韬略，是国家栋梁之材，竟不计前嫌，将他赦免，还给了他丰厚的待遇。祖大寿为皇太极的仁爱感动，终于诚心诚意地降服了清朝。

祖大寿投降后，皇太极又开始做软化、说服洪承畴的工作。洪承畴身为蓟辽总督，素日很有威望。他为人刚正，傲骨铮铮，自视为大明忠臣。见到前来劝降的清朝官员，他骂不绝口，声称宁愿做一个断头将军，也不做降清走狗，唯一的愿望就是请求早死。后来，劝降的人多了，洪承畴索性凝神屏息，不发一言，穿着沾满血渍的明朝官服，向北京方向遥拜，表示誓死效忠崇祯皇帝的决心。随后，他开始绝食，一连三天滴水不进，大有视死如归的气势。清朝的许多王爷贝勒都认为洪承畴顽固不化，难以对付，劝说皇太极放弃招降他的想法，一杀了事。劝降陷入进退两难的境地中。

这天，皇太极眉头深锁，心事重重地来到永福宫庄妃的住处。本来清军接连取得大捷，后宫中也是一派欢天喜地，各宫嫔妃都打扮得花枝招展，去给皇上贺喜。庄妃也不例外。当看到皇上惆怅的样子，细心的庄妃问道："皇上近来有何心事？"皇太极叹息一声，说："唉！还不是因为劝降洪承畴的事情叫我心烦。我先后派了那么多能言善辩之人前去招降，还许以高官厚禄。怎奈费尽口舌，他都不屑一顾。要

第四章
不忍之忍

知道，明朝在中原经营日久，势力依旧非常强大。若没有一个像洪承畴这样熟悉

兵法、智勇双全且具有一定号召力的人为先导，我担心一统疆域的大业无法实现呀！"庄妃接着问道："大学士范文程先生足智多谋，又善辞令，您为何不派他去试一试呢？"皇太极倒背着手，在屋子里来回踱了几步，说："范先生口才颇佳，也曾前去说服洪承畴。怎奈任他谈古征今，引情抒义，说尽利害，洪承畴也不为所动。不过，范先生长于察言观色。他发现洪承畴谈话时，几次拂去落在衣袖上的灰尘。他既爱惜袍袖，足以说明目前不想轻生。可惜我们至今想不出上好的攻心之策呀！"

庄妃施展美人计

听了皇太极的一席话，庄妃开始盘算降洪之策，并详细询问了洪承畴的家世、脾气和爱好。当听说洪承畴最爱美色时，她心中似有所动。只见庄妃盈盈轻笑，对太宗皇帝说："既然这样，我倒是有一条美人计，或许温情可感化洪将军，不知皇上以为如何？"皇太极闻听此言，顿时眼睛一亮，兴奋地说道："爱妃此去，若能说降成功，功不可没呀！"

北国的秋季，天高气爽，清凉怡人。囚禁洪承畴的三官庙，几天来外紧内松，外面警戒森严，庙内的气氛却很宽和，房间布置的很有人情味。洪承畴居住的几间厢房窗明几净，每天都有仆役前来扫除伺候，饭菜也都选用中原厨子，做得香软可口。卫士们的警惕性很高，但在皇太极授意下，又表现出特别的恭维、尊重，一口一个"洪将军"叫着，让人丝毫感觉不到是在他乡做俘虏。连日来，喋喋不休的轮番劝降，已让洪承畴感到异常疲惫和恼火。他压抑住内心的不愉快，盘腿坐在床上，设想自己的结局。

就在这时，房门打开了。随着一阵环佩撞击声，渐有淡淡的脂粉香味飘入，一位淡妆素抹、明眸皓齿的年轻女子走了进来。乍见之下，

洪承畴只觉眼前一亮，多漂亮的绝色女子呀！洪承畴一瞥间，目中精光闪烁，当即被心细如发的庄妃看在眼里。从这个细微的变化中，她看出洪承畴心情的波动。庄妃嫣然一笑，慢慢走到洪承畴身边，开口说道："洪将军英名盖世，我们满族上下早有耳闻，都想早日目睹将军的风采。近日来，又听说您是个忠贞守节的志士，更增添了我们对您的钦佩之情。将军既然一心段向明朝，就应该爱惜身体。现在，您不吃不喝，靠什么来回报明朝君主呢？我看您不妨先喝点水，然后听我这个小女子讲讲尽忠尽孝的道理！"说着，庄妃伸出纤纤玉手，捧起随身带来的一个茶壶，轻轻递到洪承畴的嘴边。望着这位绝色佳人，洪承畴仿佛看到自己家中妻妾翘首仰望的样子，浓浓的思亲恋乡之情油然涌上心头，不由自主地端起茶具，一饮而尽。只听庄妃接着说道："自古以来，臣子效忠于君王，是备受推崇的事情。洪将军是圣贤之人，应该明白士为明君而死的道理。如今大明气数已尽，官绅层层盘剥，已使举国民不聊生。反观清朝太祖太宗皇帝，仰承天意，顺应民心。每次出兵征讨，均非贪求疆土，图霸逞强，而是为了吊民伐罪，造福天下百姓。所以深得四方拥戴，攻之能取，战之能胜。对此，洪将军恐怕早有耳闻。洪将军既然是个傲骨铮铮的真汉子，就应该为民请命，顺应天意，怎可只思效命明朝，为愚忠愚孝所囿呢！这个道理连我这样的妇道女子都明白，将军岂可执迷不悟！"庄妃一边说着，一边不断地用茶碗给洪承畴斟人参汤。渐渐地，洪承畴的体内热气回流，死寂的心发逐步复苏。他开始产生强烈的求生欲望。女性的温柔，打动了这个七尺男儿冰冷的心。

第四章 不忍之忍

洪承畴喝下一壶人参汤，气色有所好转，言语也不像原来那样生硬。庄妃知道自己的话起了作用。她一面暗示仆役去请皇太极，一面吩咐进饭，陪同洪承畴边吃边聊。庄妃温婉地同洪承畴拉着家常，从老人谈到妻子儿女，话语平常，却句句都能唤起洪承畴对美好往事的回忆。他仿佛从这个外貌娇柔的女子身上获得了再生的动力，感情的天平逐渐向求存一方倾斜。

　　洪承畴的思想经过激烈的斗争，他终于忍不住了，彻底地被庄妃说通了。第二天，洪承畴与庄妃双双去拜见了皇太极。从此，洪承畴就成了清朝开路先锋，晚明重臣成了清朝的开国功臣。

　　洪承畴对高官厚禄、金钱都忍住了，唯独过不了美色这一关，也许这是男人的弱点之一吧？

李善长不会忍

　　人说宰相肚里能撑船，可明朝开国宰相李善长却撑不下这个船，量狭、交恶，终于落得自杀身死的结局。与刘伯温相比，李善长在忍功上差得又何止是一点半点呢？

李善长功比萧何

　　明朝的开国宰相李善长虽然开国前立功甚多，开国后位居一人之下、万人之上，但因他见事不明、性格狭隘，终落得个被皇帝赐死的下场。与萧何、张良、房玄龄、杜如晦和刘基相比，他是一位只能善始、却不能善终的开国宰相。

　　李善长，字百室，与朱元璋同乡。他出身于衣食无忧的小地主家庭，早年读过一些书，虽不能说深通文墨，但却懂得治乱之道，为人很有心计，在地方上颇有威望。

朱元璋很重视文人的作用，尤其对于同乡故人，他更为注意。公元1354年，朱元璋率领自己的部队进军滁州，正路过李善长的家乡，李善长慕名往投，朱元璋很热情地收留了他。

李善长说，汉高祖刘邦家乡与朱元璋的家乡相去不远，那位古代的同乡起自布衣，与朱元璋的出身也极其相似，只因他能看清天下大势，又豁达大度，能招纳天下豪杰贤士，且能忍辱负重，所以最后推翻了暴秦，打败了项羽，建立了汉朝。他鼓励朱元璋学习刘邦，代元朝而立。朱元璋此时尚无明确志向，经李善长一讲，他的眼前豁然开朗，从此，朱元璋树立了当皇帝的信念，李善长也因此得到了极大的信任。

李善长在朱元璋的幕府里做记室长，他总是事必躬亲，尽心尽力。他俩虽结识不久，朱元璋已对他倍加信赖。

李善长知道，要想成大事，就必须赢得威信，否则，就只能成为流寇，所以，他十分重视军队的纪律，屡次催劝朱元璋整治军纪。在公元1356年前后，朱元璋的军队既攻占了许多地方，又连续苦战，所以易于抢掠。在进入太平府时，朱元璋下令凡抢掠者斩首，并派出巡查队进行监督，杀了一些违犯军纪的将士，但并未能完全禁止抢掠。

在取镇江时，李善长估计军队又要抢掠，就帮朱元璋和徐达演出了一出双簧戏。朱元璋故意说徐达的部下有抢掠之事，把徐达捆绑起来，号令三军，准备处斩，经李善长再三说情，朱元璋才放了徐达，命他戴罪立功，攻取镇江城后必须严守军纪，否则两罪俱罚。这一出双簧果然有效，赫赫大名的徐达都不肯放过，朱元璋还肯饶恕无名小卒？于是，大家惕怵自戒，无人敢犯。

李善长不仅在文治方面确实"善长"，在武功方面有时也能偶出奇计。一次，朱元璋领兵外出，要李善长留守和州城，并嘱咐他如果元兵来袭，就坚守勿战。李善长料知元兵会出骑兵突袭，就于城外要隘之处设下了几路伏兵，元军一到，同时杀出，把元兵杀得大败而归。

朱元璋回来后也赞叹不已，连连称赞他能以少胜多、以弱胜强，比那些披甲执戈的武将也不遑多让。

在朱元璋与张士诚、陈友谅以及元军大战的时候，李善长一直被留在应天（现南京），替朱元璋经营好这块根据地。应天府形势极其险要，依石而建，易守难攻，有虎踞龙盘之称，让李善长留守此地，足见朱元璋对他的忠诚和才能的极度信任。李善长真也不负所望，把应天府的政治、经济管理得井井有条，就像当年楚、汉相争之时萧何留守汉中一样，为朱元璋去除后顾之忧。

自傲擅权不得善终

公元 1368 年，朱元璋在南京正式宣布登基，李善长主持了整个仪式。至此，李善长由刀笔小吏而成为开国功臣，封为开国辅运韩国公，同时赐以铁券，可免死罪两次。在封赏的诰命上，朱元璋对李善长的功劳作了如下评价："东征西讨，目不暇给；尔犯守国，转运粮储，供给器杖，未尝缺乏；剔繁治剧，和辑军民，各靡怨谣。昔汉有萧何，比之于尔，未必过也。"

纵观李善长之从朱元璋，有三件大功：一是他一进军门即讲刘邦的故事，为朱元璋树立了榜样；二是他能竭心尽力，治理后方，保障供给；三是他能调合众人，维系人心。有此三功，虽少有智计创见，也足可称道了。但李善长毕竟和萧何、张良不同，这倒不是说他对明朝开国的贡献不大，而是说他性格狭隘，肚量狭小，不能免俗，终致杀身之祸。

《明史·李善长传》对他多有贬辞，对其性格上的缺点说得较为苛刻，说他外表宽和，内实狭隘，性格执拗，爱记恨人等。这些话虽不能全信，但从李善长开国以后做的一些事也确实可以看出他性格的许多缺点。

开国以后，李善长曾任丞相，势力很大，其亲信中书省都事李彬犯有贪污罪，当时任御史中丞的刘基调查这件事，李善长多次从中说情、阻挠，最后，刘基还是奏准了朱元璋，将李彬杀死。李善长怀恨在心，就暗设计谋，令人诬告刘基，自己还亲自弹劾刘基擅权，结果刘基只有回家避祸。参议李饮冰、杨希圣对他有冒犯之处，李善长就罗织罪名将二人处刑。

这倒还罢了，他培植淮人集团的势力，将知县出身的胡惟庸一手提拔为丞相。后来胡惟庸擅权不法，贪污受贿，弄得朝野皆怨，引起了一些正直朝臣的反对。由于朱元璋用法残酷，胡惟庸恐怕被杀，就秘密组织了一场谋反活动，企图把朱元璋骗出宫来杀掉。谋反败露后，胡惟庸一党被株连杀死的有三万多人。李善长既是胡惟庸的故旧，其弟跟胡惟庸还是儿女亲家，本当连坐，朱元璋念他是开国勋旧，便免死贬谪，但后来还是找借口赐死了李善长。李善长死时77岁，所有家属七十余人也全部赐死。

李善长以功始而以罪终，这在中国历史上是极有代表性的。别说朱元璋对开国功臣大加杀戮，就是换一位"仁慈"的开国皇帝，像李善长那样性格狭隘、居功自傲、擅权自专的人，也必定是"多行不义必自毙"。自古以来，善始者多，善终者少，或是由于自己的原因，或是由于其他原因，总之，善始善终的人实在是凤毛麟角。

第四章
不忍之忍

与唐朝的开国宰相房玄龄相比，李善长无论在才能、见识、志向还是在结局方面都差得远了，但有一点是相同的，那就是都是开国宰相。虽然所辅君王不同，但如果李善长也像刘伯温一样会忍，结局总不至于落得如此惨烈吧！

第五章 忠义之忍

所谓忠义之忍，即大义之忍、英雄之忍。这种忍感天动地，决定着一个时代，主宰着一段历史。他们能忍个人荣辱生死，心中只有整个国家、民族。他们忍的结果自然是流芳千古。

屈原隐忍尽忠

春秋战国时期是天下纷争的时代，也是名人辈出的时代。屈原就是这时候登上历史舞台的。屈原是千古忠臣，又是千古名臣。屈原忍住奸佞小人的打击排挤；忍住了无道昏君的迫害流放，而仍然一心为国。因此，他是千古忠臣。因为他是千古忠臣，所以才能忍住这些不公正的待遇。看来做个名臣很难，做个忠臣更难。

第五章 忠义之忍

身受中伤初次被黜

屈原是楚国贵族，楚怀王雄心勃勃，总想图霸中原，他重用了一些能人，屈原正是这时应召入仕，这是屈原政治生涯中最为光芒四射的时期。他"入则与王图议国事，以出号令；出则接遇宾客，应对诸侯"，显得那聪颖明睿、应对自如。最重要的是屈原精通历史，"明于治乱"，富于革新锐气。而楚怀王急欲有所作为，与西方的强秦，东方的齐国争雄，因此对屈原的主张十分支持。

怀王十一年（公元前318年），结成韩、魏、齐、赵、燕、楚六国，共推楚怀王为首，发兵浩浩荡荡地共击西秦。但楚国的旧贵族势力却不能容忍触犯他们既得利益的朝政改革。他们既无法正面对抗楚怀王，便决定采取"釜底抽薪"之计，先把屈原从怀王身边剪除。

首先找麻烦的是上官大夫。上官大夫是个卑鄙小人，却是楚怀王身边的红人，屈原革新自强的方略人计，触及了旧贵族的势力，加之二人政见不同，素来不睦，所以他在楚怀王背后说尽了屈原的坏话。楚怀王本是个好大喜功之人，他听信了谗言，连见一面屈原都没有，便将其贬为三闾大夫。

屈原被黜以后，楚国的政局便急剧地发生了逆转。怀王十六年（公元前313年），秦惠王遣张仪诈骗楚怀王，使楚国断绝与齐国的盟交。第二年，秦惠王又悍然进袭楚之汉中，楚师两次溃败。正是在这样的危亡之秋，怀王才又复用屈原，命他再赴齐国，重建齐楚之盟。由于怀王不久前的背信弃义，齐国对楚早怀怨怒。故屈原此次使齐，处境极为困难。但屈原终于凭借自己的外交才华和一腔热忱，说动齐国恢复了与楚之邦交。可惜楚怀王并没有记取这一深刻的历史教训。七年后，怀王竟又"背齐合秦"，并娶秦女为妇，与秦结成了"姻亲"之邦。外交政策的反复无常，不仅使楚遭受了韩魏诸国的连年讨伐，而且使秦更加肆无忌惮地乘隙进犯。

怀王三十年（公元前209年），秦昭王忽然一变常态，致书怀王建议"和解"，并约请怀王到秦之边境武关（今陕西商洛西南丹江北岸）"好会"。

这显然是一次居心叵测的凶险之会。然而楚王身边的大臣，如王子子兰及权臣上官大夫等，却慑于秦之淫威，纷纷劝说怀王赴会。在这批亲秦的贵族眼中，保持自身的财货、权位，当然远比国家的安危重要得多。他们全都乐观地断言："秦昭王毕竟顾念与我大楚的姻亲关系，岂能将事情做绝？只要大王赴会，楚秦之和便指日可待！"

这消息传到屈原耳中，顿时将他惊呆了。他清醒地估计到，"武关之会"其实是个可怕的陷阱。怀王若从大臣之议赴会，定遭不测！一旦怀王遭秦挟持，楚国的命运便不堪设想。"岂余身之惮殃兮，恐皇舆之败绩"——深切的忧虑，促使屈原作出了非常的举动，他竟不顾怀王不准他参与朝议的禁令，毅然赴阙强谏怀王，从而与亲秦的大臣子兰等辈，发生了激烈的冲突。对于这一次冲突，《史记·屈原列传》作了如下记叙：

怀王欲行，屈平曰："秦虎狼之国，不可信。不如无行。"怀王稚子子兰劝王行："奈何绝秦欢？"怀王卒行……

记叙虽然过于简略，但屈原与子兰等辈唇枪舌剑、针锋相对的情状，仍可于字里行间强烈地感受到。可叹的是，在这一场关乎怀王安危、楚国命运的谏争中，屈原还是失败了，被流放到汉水之北。

事情的发展，果然不出屈原所料。楚怀王率领扈从刚入武关，就被秦之伏兵包围擒拿，押往秦都咸阳。秦昭王逼令怀王签署盟约，将楚之巫郡（今四川巫山县北）、黔中（治在今湖南常德市西）割让予秦。怀王暴跳如雷，拒不签约，由此被软禁于咸阳。

第五章 忠义之忍

消息传到郢都，楚宫上下一片混乱。为了避免为秦要挟，大工尹昭睢急赴齐都，坚请齐王放回人质之太子熊横，立为楚襄王。秦昭王大怒，发兵出武关攻楚，大败楚军，斩首五万，取析邑（今河南西峡县）等十五城而去。

放逐江南含冤沉江

楚襄王二年（公元前297年），怀王找到机会逃出咸阳，取道赵国求救。赵惧秦强，不敢接纳。怀王转道奔魏，却被秦师追及，死于河西。秦人不敢泄露杀害楚怀王之秘，谎称怀王"发病"而死。

屈原本来以为，楚怀王的被欺囚秦和客死，应该震醒新上台的楚襄王；他谏"武关之会"而遭放逐的冤屈，也应该得到昭雪了。然而，他毕竟低估了楚王朝的旧贵族势力，特别是低估了王子子兰和上官大夫的狡诈、险恶。

子兰早在楚襄王初立时，便取代昭鱼担任了楚之令尹。当怀王客死归葬之际，郢都之民于伤悼之中纷纷要求：追究子兰当年怂恿怀王赴会武关的罪责。这本已使子兰火冒万丈。又听说屈原在汉北，竟也拒不服罪，还激烈地指斥他误国害君、败坏朝政的行径，更使他怒不可遏！子兰当然明白：倘若屈原在此刻重返朝廷，必将使他处于难堪的境地；最好的办法就是来个"恶人先告状"，让屈原永无重见天日之期，他子兰才能高枕无忧。他于是想到了谗害屈原的最好人选，那就是巧舌如簧的上官大夫。

上官大夫自进谗怀王罢黜了屈原，现在当然也不希望屈原重返朝廷。何况又有令尹子兰授意，更觉有恃无恐。他深知楚襄王骄横懦弱，根本没有报秦雪耻之志，便抓住郢中之民群情怨愤之机借题发挥，向襄王造谣说："屈原当年咒骂先王，本就罪不容诛；而今听说气焰更加嚣张，在汉北鼓动百姓，攻击大王您'信用奸佞，置父仇国耻于不顾，有违万民仰戴之望'。观其用心，岂不是要翻当年之旧案、取大王之位而代之？"

昏庸的楚襄王最怕的就是动摇自身的王位。听了上官的进谗勃然大怒，当即下令：将拒不服罪的屈原，从汉北迁往更加僻远的江南，不准他再涉江、夏之水一步！

屈原怎么也没有料到，在怀王客死、国难当头之日，他还会被再次谗毁、放逐江南。当他途经郢都整治行装的时候，也有人劝他向子兰疏通，或者求后宫郑袖出面说情，但均被屈原一口拒绝。屈原愤疾地宣称："黄钟毁弃，瓦釜雷鸣；谗人高张，贤士无名。朝廷已被这帮佞臣盘踞，我又岂可向他们屈膝？我宁昂昂若千里之马，也决不做与波上偷生的野鸭！我宁正言不讳以危身，也决不向贪婪无知的妇人求情！"

屈原毕竟是屈原，他心目中还有楚国，从风雨飘摇的楚国都城郢中传来消息，又一次次将屈原惊得目瞪口呆：楚襄王五年，魏与秦交战失利；次年，秦将白起大败韩魏联军，斩首二十四万！在这样的气焰之下，秦昭王又威胁楚襄王：要么决战，要么求和，子兰之辈早已吓得魂飞魄散，公然选择了乞和的耻辱之途。楚襄王七年，襄王又迎娶了秦妇，与杀父的敌国结成了姻亲。

　　屈原悲愤难遏，倘若他仍在郢都，定会舍身上殿，怒斥小人，拼将一死可挽既倒之狂澜的。命运似乎注定屈原还要遭更大的劫难。楚襄王自与秦结为姻亲以后，便愈加荒淫无度。屈原听到这些消息彻底绝望了，他知道楚国的强大再也没有希望了，终于投入了汨罗江中。

　　　宁溘死而流亡兮，恐祸殃之有再；

　　　不毕辞而赴渊兮，惜壅君之不识！

　　这就是为振兴楚国而竭智尽忠，蒙受不白之冤，也决不背弃祖国的伟大逐臣屈原。

　　屈原虽然含冤沉江了，但他不倦求索真理的执著精神，不折不挠同黑暗势力抗争的勇气，以及眷恋故国、生死与共的伟大志节，从此辉映天下、照耀千古，永远留在苦难中奋然前仆的志士仁人心上了。

第五章
忠义之忍

　　屈原之忍诚感天地。作为一个文人，他的辞章具有划时代的意义；作为一个忠臣，他的美名流传千古。所以不管从哪个角度来衡量，屈原足以让人效法。可是后世人不管在哪一方面又怎能和屈原比肩呢？这里我们所提倡的不过是他的人格和精神罢了。

晁错能忠不能忍

晁错是个才子，即使在今天看来，他当时给皇帝的有关处理国家大政方针的一些奏疏也还是非常有价值的。但他虽然才识过人，却不谙人情世故，不知自谋后路，只知一味前行，终不免落入败亡的境地。晁错的性格在一定程度上决定了他悲剧性的结局，而这种性格又是因缺少社会磨炼而造成的。

应该说晁错是个忠臣，他的所作所为都是为了汉朝天下。但他不是一位能臣，不懂为官之道，不知道官场险恶，不懂得忍一分才能宽一份，其结果是好心未得好报，人头落地还遭后人耻笑。

主持削藩引发叛乱

汉景帝是个好大喜功、愿意有所作为但又没有雄才大略的皇帝。他的性格的弱点是十分明显的，那就是既刚愎又软弱。他即位后，由于晁错的对策言论很合景帝的心意，就由中大夫提升至内史。由于晁错是景帝的旧属，又格外受到信任。因此，晁错经常参与景帝的一些谋议活动，他的建议和意见也多被采纳。朝廷的法令制度，晁错大多数都动了一遍。这样一来，朝中大臣都知道景帝器重宠信晁错，没有人敢与他发生顶撞，这也就引起了一些人的嫉妒。

晁错接连升迁，就像一般人在顺境当中一样，容易失去谨慎。他年轻气盛，真觉得世上没有做不到的事情，更想趁此机会做几件大事，一方面压服人心，一方面也是效忠皇上，于是上书景帝，请求首先从吴国开刀削藩。景帝平时就有削藩的想法，就把晁错的奏章交给大臣们讨论。大臣们没有什么人敢提出异议，只有詹事窦婴极力阻止。窦婴其人虽无很高的职位，但因是窦太后的侄子，有着内援，才不惧晁错，敢于抗言直陈。因有窦婴的反对，削藩之事也只有暂且作罢。晁错不得削藩，便暗恨窦婴。

不久窦婴被免职，晁错复提前议，准备削藩。正在议而未决之时，正逢楚王刘戊入朝，晁错趁机说他生性好色，簿太后丧时亦不加节制，仍然纵淫，依律当处死，请景帝明正典刑。刘戊确是不尊礼法，荒淫无度，不得不认罪。只是景帝宽厚，未忍加刑，只是把他的东海郡收归皇帝，仍让他回到楚国。

楚国既削，便搜罗赵王过失，把赵国的常山郡削了去，然后又查出胶西王私自卖官鬻爵，削去了六县。晁错见诸侯没有什么抵制性的反应，觉得削藩可行，就准备向硬骨头吴国下手。正当晁错情绪高涨的时候，突然有一位白发飘然的老人踢开门迎面走进来，见到晁错劈面就说："你莫不是要寻死吗？"晁错仔细一看，竟是自己的父亲。晁错连忙扶他坐下，晁错的父亲说："我在颍川老家住着，倒也觉得安闲。但近来听说你在朝中主持政事，硬要离间人家的内肉，非要削夺人家的封地不可，外面已经怨声载道了。不知你到底想干什么，所以特此来问你！"晁错说："如果不削藩，诸侯各据一方，越来越强大，恐怕汉朝的天下将不稳了。"晁错的父亲长叹了一声说："刘氏得安，晁氏必危，我已年老，不忍心看见祸及你们，我还是回去罢。"说完径直而去。

吴王刘濞听说楚、赵、胶西王均被削夺封地，恐怕自己也要遭削，便要起兵造反。当初刘邦封刘濞时，就曾告诫他勿反。刘濞是刘邦的哥哥的儿子，孔武有力，骁勇善战，军功卓著。封赏之时，刘濞伏身下拜，据说刘邦忽然发现刘濞眼冒戾气，背长反骨，就料定他必反，直言相告说："看你的样子，将来恐反。"惊得刘濞汗流浃背。刘邦又抚其背说："汉后五十年东南有乱，莫非就应在你身上吗？为汉朝大业计，还是不要反！"

现在，刘濞果真派使者联络胶西王、楚王、赵王及胶东、淄川、济南六国一起造反。吴、楚七国起兵不久，吴王刘濞发现公开反叛毕竟不得人心，就提出了一个具有欺骗和煽动性的口号，叫做"诛晁错、清君侧"。意思是说皇帝本无过错，只是用错了大臣，七国起兵也并非叛乱，不过是为了清除皇帝身边的奸佞大臣。

袁盎挑拨杀晁错

景帝在找人前去平叛时，忽然想起文帝临死前告诉他的一句话："天下有变，可用周亚夫为大将。"便命周亚夫为太尉，领兵出征。周亚夫并无推辞，领命而去。不久又接到齐王求援的告急文书，窦婴正要发兵，忽有故友袁盎来访。袁盎曾是吴国故相，到了晁错为御史大夫，创议削藩，袁盎才辞去吴相之职，回国都复命。晁错说袁盎私受吴王财物，谋连串通，应当坐罪，后来景帝下诏免除了他的官职，贬为庶人，袁盎故此对晁错怀恨在心。他见到窦婴说："七国叛乱，由吴发起，吴国图谋不轨，却是由晁错激成的。只要皇上肯信我的话，我自有平乱之策。"窦婴原与晁错不睦，虽是同朝事君，却互不与语。听了袁盎的话以后，窦婴满口答应代为奏闻。

景帝一听袁盎有平叛妙策，立即召见了他。当时晁错也正在场。

袁盎十分清楚，如果当着晁错的面说出自己的计划，晁错必定会为自己辩解，景帝肯定下不了决心，到那时，不仅杀不了晁错，自己肯定会被晁错所杀，所以他说："我的计策是除了皇上以外任何人不能听到的！"说完这话，袁盎的心都吊了起来。如果景帝认为晁错不必趋避，又逼着自己说出计策，那自己就是死路一条了。好在沉吟了片刻之后，皇上终于对晁错说："你先避一避罢！"

袁盎知道这是千载难逢的机会，立即对景帝说："陛下知道七国叛乱打出的是什么旗号吗？是'诛晁错，清君侧'。七国书信往来，无非说高帝子弟，裂土而王，互为依辅，没想到出个晁错，离间骨肉，挑拨是非。他们联兵西来，无非是为了诛除奸臣，复得封土。陛下如能杀晁错，赦免七国，赐还故土，他们必定罢兵而去，是与不是，全凭陛下一人做主。"说毕，瞪目而视，再不言语。

第五章
忠义之忍

景帝毕竟年幼识浅，不能明辨是非。他听了袁盎这番话，令他想起了晁错建议御驾亲征的事，越觉得晁错用心不良，即使未与七国串通一气，也仍另有他图。当即对袁盎说："如果可以罢兵，我何惜一人而不能谢天下！"袁盎听后，十分高兴，但他毕竟是老手，为了避免景帝日后算账，他先把话栽实，让景帝无法推诿责任。袁盎郑重地对景帝说："事关重大，望陛下三思而后行！"景帝不再理他，只是把他封为太常，让他秘密治装，赴吴议和。

等袁盎退出，晁错才出来，他也过于大意，明知袁盎诡计多端，又避着自己，所出之计应与自己有关。但晁错过于相信景帝，见他不说，也就置之不问，只是继续陈述军事而已。

晁错还以为景帝并未听从袁盎的计策，岂知景帝已密嘱丞相陶青、廷尉张欧等人劾奏晁错，准备把他腰斩。

一天夜里，晁错忽听有敲门声，原是受人奉诏前来传御史晁错立刻入朝。晁错惊问何事，来人只称不知。晁错急忙穿上朝服，坐上中

尉的马车。行进途中，晁错忽觉并非上朝，拨开车帘往外一看，所经之处均是闹市。正在疑惑，车子已停下，中尉喝令晁错下车听旨。晁错下车一看，正是处决犯人的东市，才知大事不好。中尉读旨未完，只读到处以腰斩之刑处，晁错已被斩成两段，身上仍然穿着朝服。

景帝又命将晁错的罪状宣告中处，把他的母妻子侄等一概拿到长安，惟晁错之父于半月前服毒而死，不能拿来。景帝命已死者勿问，余者处斩。晁错一族竟被全部诛戮。

晁错族诛，袁盎又赴吴议和，景帝以为万无一失，七国该退兵了，但等了许久，并无消息。一日，周亚夫军中校尉邓公从前线来见景帝，景帝忙问："你从前线来，可知晁错已死，吴、楚原意罢兵吗？"邓公直言不讳地说道："吴王蓄谋造反，已有几十年了，今天借故发兵，其实不过是托名诛杀晁错，本是欲得天下，哪里有为一臣子而发兵叛乱的道理呢？您现在杀了晁错，恐怕天下的有识之士都缄口而不敢言了。晁错欲削诸侯，乃是为了强本弱末，为大汉事世之计，今计划方行，就遭族诛，臣以为实不可取。"

景帝听罢，低头默然。晁错死得确实冤枉，他完全是一场政治、军事与权谋斗争的牺牲品。

晁错的悲剧也是由他的性格所致。只知忠诚，却不知忠须有道；只知为国家着想，却不知自谋生路。锋芒太露，不知迂徐婉转；触人太多，不知多结善缘。一句话概括就是：不会忍耐！这是官场大忌。如果不改其性，即便当时不死，也绝不会长期立足于朝廷。因为只靠一个人一时的信任实在是很不牢靠的！可是，现实生活中，这种不会忍耐的人却大有人在，不知读者诸君看了此篇后有何感想？

周亚夫憨直之忍

　　在封建官场上，任何成功者都是玩弄权术的艺术家，若是稍有不慎，就会轻则丧命，重则丧家，甚至有族诛之祸。明目张胆地抵制上司固然"该死"，一心为皇上效力该不该死呢？如果效力无方，事君之术，照样"该死"。汉朝文帝、景帝时期的周亚夫就是个极好的例子。

　　憨直之人做人是耿介之人，为官也必是清正之官，但这种人为官难以长久，何也？很简单，不会官场之忍。

周亚夫治军细柳营

　　周亚夫是汉朝开国将军周勃的儿子，可以算是名将之后，他通晓兵法，善于治军，也可算得上是一代名将，只因他不善于揣摩皇上及皇亲贵戚的旨意，终于落得个饿死的悲惨下场。

　　汉文帝后元二年（公元前 162 年），周亚夫被封为条侯，在此以前三年，就已是河内郡守了。在河内郡守任上，他文武兼任，担任掌管民政与军事的最高长官。在任期间，他在文、武两方面都取得了相当的成绩。作为个人，他也取得了治理军政事务的很多经验。公元前 166 年，匈奴骑兵入侵，一直深入到离汉朝都城长安只有二百多里地的地方，使汉朝朝野上下大为震惊。在这种情况下，汉文帝一方面用安抚的措施，准备同匈奴和亲，另一方面则积极备战。这样，周亚夫就被从河内调至关中，担任守卫长安的重要任务。

有一次，汉文帝亲自到军中去慰劳军士。在霸上和棘门的军营，车驾直接驰进营门，无人阻拦，将军以下的各将领都乘马出来迎接。等到了周亚夫管辖的细柳营，只见军吏士卒都手拿利刀、身披铠甲，机弩上也搭着箭枝。天子的先行官来到营门，立刻被军士挡住，无法进去，便对守营门的军吏说："天子即将驾到了！"守卫营门的都尉却说："军营中只听将军的号令，不闻有天子的诏命，将军曾经严肃告诫过。"过了一会儿，天子的车驾到了，但军吏仍不开门，文帝只好派人拿着天子的符节去见周亚夫说"天子要亲自劳军"。周亚夫这才传命打开营门。

守门的军吏又对天子的随从说："将军有规定，军营中任何人的车马都不能奔驰，违命者斩。"于是，天子只得让人按着马缰绳慢慢地前行。等到了营内，周亚夫也并未跪拜迎接，他身穿盔甲，对文帝长揖道："臣甲胄在身，不能下拜，请以军中之礼相见。"汉文帝被周亚夫的这种精神所感动，他起身扶着车前的横木，改变了原来严肃的面容，并派人向周亚夫称谢说："皇帝恭敬地慰劳将军。"慰劳完毕，天子的车马就离开了。随行的大臣看到这种情景，都为周亚夫捏了一把汗。因为周亚夫虽是为国治军，为汉室江山治军，且并无越轨之处，但毕竟对皇帝显得有点傲慢无礼，不如其他的军营显得隆重恭敬。谁知汉文帝在看完了周亚夫的细柳营后，却十分感慨地说："这才是真正的将军啊！先前霸上的驻军和棘门的驻军，与周亚夫的细柳营一比，真如儿戏一般。那两位将军，是很容易被袭破而俘虏的，至于周亚夫将军，谁能打败他呢！"大臣们听到文帝这样称赞周亚夫，才放下了心。

汉文帝是一代名君，他虽对周亚夫有隐隐的不快之感，但因他能克制自己，能从国家大事考虑，还不至于表现出来，甚至在临死的时候对太子刘启（即后来的汉景帝）说道："如果将来国家发生了急难，特别是有人叛乱时，周亚夫可以委以重任。"

得罪权贵绝食而死

平安七国叛乱，周亚夫功劳很大，赢得了人们的一致称誉，汉景帝也重用了他。景帝前元七年（公元前150年），周亚夫被擢升为丞相，丞相为文官之长，帮助天子处理各项事务，职位是十分显要的，但像周亚夫这种性格，绝对干不长久。

首先找周亚夫麻烦的人是梁王刘武。刘武与景帝同为窦太后所生，窦太后也十分宠爱小儿子刘武，对他"赏赐不可胜道"。

七国之乱时，吴、楚联军全力攻梁。周亚夫等人分析了形势，认为吴、楚联军锐气正盛，汉军难与争锋，决定任由吴、楚联军攻打梁国。梁王向汉景帝求救，景帝也命周亚夫援梁，但周亚夫"不奉诏"，只是派骑兵截断了吴、楚联军的粮道。吴、楚联军久攻不下，锐气尽失，又断粮草，被迫找汉军主力决战，周亚失则深沟壁垒，养精蓄锐，一举打败了吴、楚联军虽然平叛胜利了，但却与梁国结怨。因此，梁王每逢入朝，经常与母亲窦太后说起周亚夫，极尽中伤诬陷之能事。时间一长，假话也成真话，何况梁王所说并非假话，只是对事实的理解不合实际而已。窦太后听信了梁王的谗毁，经常向景帝说周亚夫的坏话。

景帝中元三年（公元前147年），窦太后要景帝封王皇后的哥哥王信为侯。王皇后为人十分乖巧，专会讨好窦太后，因而博得了窦太后的欢心，稳住了地位。至于封外戚为侯，并非没有先例，但景帝估计周亚夫不会同意，就先去找他做工作。果然，周亚夫断然否决，他说："高皇帝曾经与诸大臣歃血盟誓：非刘氏而王，非有功而侯，天下共击之。"周亚夫搬出刘邦的话压人，倒还罢了，还直言不讳地说："王信虽是皇后的哥哥，但却并无功劳，如果把他封了侯，那就是违犯了高祖的规约。"这自然使景帝十分恼怒。只是周亚夫持之有故，言辞确凿，无懈可击，景帝不好发火。

周亚夫阻止了王信封侯，但从此加深了与景帝之间的矛盾，更得罪透了王信。梁王与王信过从甚密，又都恨极周亚夫，于是，两人联手，内外夹攻，一起陷害周亚夫。

这件事发生不久，匈奴部有六个酋长请求归附，景帝非常高兴，并想把他们都封为列侯。其中有一人，是以前汉朝投降匈奴的将领卢绾的孙子，名叫它人。卢绾曾伺机南归，但终不得志，终于郁郁而死。卢绾的儿子也曾潜行人汉，病死在汉朝。卢它人乘隙南归，才有这六人来降。周亚夫认为不能封卢它人为侯，便对景帝说："他的先人背弃了汉朝而投降了匈奴，现在又背叛匈奴而投降了汉朝，陛下如果封这样的人做侯，那么又怎么能责备做臣子的不忠于君主呢？"这次，景帝认为"丞相之议不可用"，断然拒绝了周亚夫的建议，封六人为侯。其实，周亚夫的话很难说对与错，这本就是个公说公有理、婆说婆有理的事，要看具体情况而定。景帝拒绝周亚夫，倒不全是出于他的话的对与错，多半出于这样的心理：不能事事都听你的，总得听我一次。周亚夫见景帝不从，也还知趣，就上书称病辞官，景帝也不挽留，任他辞退。

如果事情到此了结，那也罢了，问题是周亚夫既然得罪了景帝，又有功劳威望，景帝便不会对他放心。一次，景帝专门宣召周亚夫，想"考验"一下，看他是不是个知足的人。

一日，景帝特赐食于周亚夫。周亚夫虽已免官，尚居都中，见召即到。周亚夫趋入宫中，见景帝兀自独坐在那里，行了拜谒之礼，景帝跟他随便说了几句话，就命摆席。景帝让周亚夫一起吃饭，周亚夫也不好推辞。只是席间并无他人，周亚夫就感到有些慌惑，等他到了席前，发现自己面前只有一只酒杯，并无筷子，菜肴又只是一整块大肉，无法进食。周亚夫觉得这是景帝在戏弄他，忍不住地就想发火。转头看见了主席官，便对他说："请拿双筷子来。"主席官早受了景帝的嘱咐，装聋作哑，站着不动。周亚夫正要再说，景帝忽然插话道："这还未满君意吗？"周亚夫一听，又愧又恨，被迫起座下跪，脱下帽子谢罪。景帝才说了一个"起"字，周亚夫就起身而去，再也没有说话。

几天过后，突然有使者到来，叫他入廷对簿。对簿就是当面质问，澄清事实，核实错误罪行。周亚夫一听，就知末日已到，但还不知犯了什么罪。等周亚夫到了廷堂，问官交给他的一封信，周亚夫阅后，全无头绪。原来周亚夫年老，要准备葬器之类，就让儿子去操办。买了五百副甲盾，原是为护丧使用，又有许多朝廷使用的木料等，可能是周亚夫的儿子贪图便宜，买了下来，使佣工拉回家去，又未给钱，使得佣工怀恨上书诬陷。景帝见书十分恼怒，正好借机找茬，派人讯问。周亚夫根本不知道这些事情，无从对答。问官还以为他倔强不服，就报告了景帝。景帝怒骂道："我何必一定要他对答呢！"就把他交大理寺审讯。周亚夫入狱，其子惊问何故，等弄清了原委，才慌忙禀告父亲。周亚夫听了以后，什么话也没说，只是长叹了一口气。

大理寺当堂审讯，问道："你为什么要谋反呢？"周亚夫说："我的儿子所买的东西全系丧葬所用，怎能谈得上谋反呢？"

大理卿无话可说，但又知皇上欲置其于死地，必须找个借口，于是发出了石破天惊之判词："你就是不想在地上谋反，也想死了以后在地下谋反！"周亚夫一听，完全明白是怎么回事了，欲加之罪，何患无辞。再也无话可说。被关入狱中后，他五日不食，绝食而死。一

第五章

忠义之忍

代名将竟落此下场！

其实，周亚夫不明白的地方在于，国与君是不同的，国为公，君为私，忠君未必是爱国，爱国就更未必是忠君。在封建社会里，虽然理论上把君、国看作一体，把国看作君的一家之产业，而实际上并非如此。如果你损害了君的一己之私欲而为国谋福利，你必定会大倒其霉。

现实中像周亚夫这样的憨直之人很多，或许是直到失意时也没仔细地想想原因。有些时候，人情世故是由不得性子的。

岳飞冤死风波亭

封建传统官场的学问很多，要会忍、拍、欺、结，不然就危险了。岳飞是民族英雄已是历史定论。可是岳飞年轻气盛，不知做官不在功而在忍。他打仗能忍，政治上不会忍，最终冤死风波亭。

功勋卓著触怒高宗

岳飞是个民族英雄，作战勇敢果断，纪律严明，金兀术等金国将领最怕与岳飞的部队打仗，因为与岳飞打仗，几乎是只输不赢。就是这样一位忠良之臣最后却落个冤死的结局，可悲可叹！这与宋高宗、秦桧等卖国有关，同时也与岳飞不会忍耐有关。

首先，岳飞抗金的口号是"迎还二圣"。"二圣"指北宋最后两个皇帝——徽宗和钦宗。他们在"靖康之变"中被金军俘虏北去。凡是爱国思想，不愿甘当汉奸的人，都把收复失地，迎还二圣，作为自己为国尽忠的具体表现。岳飞与当时广大爱国军民一样，对此显示得尤为突出和强烈。

早在高宗刚即位时，岳飞就上书请"恢复故疆，迎还二圣"。可是，这个口号在特殊历史条件下，确实也容易引起某些人的误会与怀疑。所谓"天无二日，国无二主"。"迎还二圣"势必会对宋高宗的皇位有功摇，所以"迎还二圣"的口号触犯了宋高宗的忌讳，这就是岳飞后来被杀的祸根。

更重要的是，随着岳飞功劳日高，兵将日多，权力日大，与高宗之间确实出现了一些矛盾；而且，这矛盾随着时间的推移，情况的变化，还在日益明朗和激化。

绍兴七年正月，高宗和宰相张浚商议，欲乘胜恢复中原。考虑到几年来，岳飞在战场上的表现及其在诸将中的声望都是非常突出的。如果要在抗金方面有所作为，自然非他莫属，便下令岳飞速来京奏事。三月九日，岳飞到建康受到高宗接见，经过多次交谈，高宗认为他见识大有进步，议论皆有可取，决定加以重用。岳飞自然感到极大的信任，必须加倍努力，决不辜负知遇之恩，当即亲手写了北向用兵的详细计划，进一步表达了"致身报国，复仇雪耻"的决心。

谁知，转瞬间高宗对岳飞的态度突然发生了变化。原来这时秦桧又担任了枢密使，极力宣扬和议。宰相张浚则认为统一节制全国的军马，指挥北伐的重任应该归他自己，不能交给岳飞。秦、张二人各从自己的角度提醒高宗，不能让岳飞有太大的权力，会出现尾大不掉，威震人主，难于控制。高宗于是改变主意。岳飞愤然上奏请求解除军

第五章

忠义之忍

务，不待批准便离开建康，回到庐山东林寺去给亡母守孝。

张浚对岳飞这种"抗上"的行为极为不满，多次在高宗面前说"岳飞积虑，专在并兵；奏牍求去，意在要君。"高宗果然认为岳飞居功骄傲，飞扬跋扈，不能容忍。便派兵部侍郎张宗元去担任湖北京西路宣抚判官，想乘机剥夺岳飞的军权，幸好有人及时劝解高宗，岳飞本是粗人，受不得委曲，只是所见不同，也许别无他意，忠义可用，应予谅解。于是派人去庐山，赐诏抚谕。来人以死相请，岳飞只好回朝。岳飞见到高宗后，承认有罪。高宗当然好言相慰，当即召还张宗元，让他仍回鄂州担任原来的湖北京西路宣抚使。君臣之间的矛盾终于缓解了，但再也难以弥合这已经出现的裂痕。

一次，岳飞接到回朝奏事的命令，便与随军参谋官薛弼一道乘船沿江东下。途中，岳飞对薛弼说："我这次回朝，准备奏陈一件有关国本的大事。"薛问何事？岳飞说："近得金人情报，准备将钦宗的儿子赵谌送回汴京，立为傀儡，阴谋制造两个宋朝南北对峙的局面。因此，立储实为我朝当今国本。皇上后嗣乏人，不如将在资善堂读书的养子赵伯琮，正式立为太子，以便破坏金人阴谋，安定人心。"薛弼认为身为大将，不应干预这样的事。岳飞说："臣子一体，应当直说，不必顾虑什么形迹了。"

岳飞到达建康后，受到高宗的接见。在谈过一般的公事后，岳飞进读了请求立储的密奏，读着读着，发现高宗的脸色不好，勉强读完之后，便诚惶诚恐地侍立一旁静听吩咐。只见高宗冷冰冰地说道："卿言虽忠，然握重兵在外，此类事情不是你所应当参与的啊！"岳飞听了，只好神情颓丧地退出。接着，高宗便接见薛弼，首先问他可知道岳飞奏请立储事，薛弼只好说："臣虽在幕中，但从未听他说过此事。这次来行在途中，常见他在舟中练习小楷，知道他在书写密奏。他的所有密奏都是自作，外人从不参与。"高宗说："你可按照你的意思，开导他不应参与这种事，也可告诉其他幕僚不参与。"从这个件事看来，高宗对岳飞的疑忌更深了。

岳飞很难理解高宗为什么不同意他"相机进取"，去收复中原的失地。他哪里知道高宗这时正在准备与金人议和呢！

秦桧为相密谋议和

绍兴八年三月，一贯推行投降路线的秦桧又担任了宰相，并且兼任军事职权的枢密使。他一上台就加快和议的步伐，不顾众多大臣的反对，派王伦去金往返穿梭密议，进展颇速，即将达成协议，但同时也招来了更多的反对。在这种情况下，高宗不能不考虑征求拥有重兵的大将们的意见。

八月初，岳飞在鄂州接到命令要他回京议事。他估计必与和议有关，便迟迟不肯回京，而且多次发出"许臣致仕"、"屏迹山林"、"保养残躯"的申请。直到九月，高宗"累降诏旨不允，不许再有陈情"，才抵达临安。岳飞见到高宗后，非常坦率地说："夷狄不可信，和好不可恃，相臣谋国不臧，恐贻后世讥议。"高宗听了只好默不作声。宰相秦桧听了，对他更加不满。

岳飞的反对，未能阻止和议的进行。到十一月，金熙宗派张通古为"诏谕江南使"来行在。不称宋国而称江南，不称国信而称诏谕，要高宗面北跪拜，接受诏书，"奉表称臣"。这些条件都极为苛刻，因而引起群情激愤，纷纷痛骂"秦相公是奸细"，"义不与桧戴天"。但高宗求和心切，不惜屈辱降尊，便采取欺骗的手法，由秦桧代行跪拜礼，接受和议，以称臣纳贡为代价，获赐原由刘豫占据的河南地。

绍兴九年正月，高宗利用求和成功，金人将归还河南地的机会，宣布大赦天下，给诸将加功，借以欺骗国人，粉饰太平。岳飞在鄂州

接到赦书后，在《谢表》中说："愿定谋于全胜，期收地于两河；唾手燕云，终欲复仇而报国；矢心天地，尚令稽首以称藩。"曲折婉转地表达了和议不便的意思。又力辞加官晋爵，认为"今日之事，可危而不可安，可忧而不可贺；可训兵饬士，谨备不虞，而不可论功行赏，取笑夷狄。"这些话都直接指向了主持和议的宰相秦桧，秦桧十分恼怒，遂成仇隙。

岳飞不久又上书认为其中必有阴谋，和议决不可靠，因此请求派兵前往京西洒祭皇陵、刺探敌人内部究竟有什么活动，早作应付的准备，以免临时措手不及。可是秦桧怕岳飞挑起事端，不肯批准。

岳飞的估计，果然不错。这次议和是由于金朝统治者内部发生矛盾的结果，以挞懒为首的一派掌权后，对刘豫的不受控制极为不满，因此废除伪齐，将河南地归宋，达成和议。但以兀术为首的一派，又对挞懒的政策不满，向金熙宗控告，说归地于宋必有阴谋，结果挞懒被杀，兀术掌权。宋金议和纸墨未干，便岌岌可危了。

到绍兴十年五月，金兀术撕毁和议，分兵四路大举南侵。东京、西京、河南、陕西州郡守备不足，所至迎降，重陷敌手。各地抗战军民纷纷自动组织起来，进行抵抗。著名抗金将领刘锜终于在六月大败金兵于顺昌（今安徽阜阳），接着韩世忠又连破金兵于淮阳（今江苏邳县）和海州（今江苏连云港），煞住了敌军气焰。更主要的是岳飞，他一贯反对和议，对金人的警惕性很高，早已作好充分准备。一见敌军分道入侵，他便北连两河忠义，东摇顺昌，西应同州，自率大军直捣中原。在颖昌（今河南许昌）、郾城等地大破金兵，攻克了西京等许多河南州县。金军损失惨重，兀术之婿也在一次战斗中被岳家军打死了。岳飞正在庆幸即将收复中原，勉励将士"直捣黄龙与诸君痛饮"的时候，忽然接到高宗命令班师的十二道金牌，君命难违，只好叹息了一声"十年之功废于一旦"，撤军回朝了。

金兀术遭此惨败，把一身的怒火都发泄到岳飞的头上，不久他便写了一封信给暗藏在宋朝政府内的奸细秦桧："尔朝夕以和请，而岳飞方为河北图，且杀吾婿，不可以不报。必杀岳飞，而后和可成也。"秦桧本来就对岳飞的反对和议极为不满，现在又接到兀术必杀岳飞的指示，口气是那样严厉，不执行是不行的。于是岳飞的命运便陷入了险境。

"莫须有"屈杀岳飞

这时，高宗和秦桧经过密议，决定杀岳飞与金人讲和。为不了引起岳飞的疑虑，不招来岳家军的反抗，决定采取欺骗的手法，有计划有步骤分阶段进行。

四月，召张俊、韩世忠、岳飞至临安论功行赏。张、韩为枢密使，岳为副使。明升暗降，罢除了他们直接带兵的权力。

九月，秦桧为了达到必杀岳飞的目的，诱使王俊诬告张宪，说张宪得到岳飞的儿子岳云写的一封信，知道岳飞被罢官，便欲裹挟大军移屯襄阳，威胁朝廷将军权交还岳飞。枢密使张俊接到控告信后，便将张宪逮捕，进行严厉拷打。张宪不肯屈从，张俊竟然不顾事实，上奏说："张宪供通，为收岳飞处文字后谋反。"秦桧如获至宝，立即奏请逮捕岳飞。

九月十三日，岳飞父子被诬谋反，投下天牢。最初主持审判此案的是御史中丞何铸和大理卿周三畏，前面说过何铸因见岳飞背有"精忠报国"四字，不忍陷害无辜，审了一个多月不肯定案。

十月二十一日，秦桧另派万俟卨接审此案，他由于并无可以定案判刑的证据，不知所问"，只好"哗言"讹诈岳飞有"异谋"，有致张宪的"书信"，但又快一月，仍然"无可证者"。在这种情况下，有人出主意可另加两条罪状：一条是说岳飞当年奉命增援淮西，可是"逗留不进"。尽管不符真实，但胡说一通是可以骗人的。第二条是说岳飞"指斥乘舆"，曾私下对部将们说："我三十二岁时建节，自古少有。"就是自比太祖三十岁作节度使。还说："国家了不得也，官家又不修德。"就是辱骂皇帝。因为皆属口说，可以无凭，随便找个人证明一下就行了。万俟卨大喜，命大理评事元龟年将这些并不确实可靠的材料"杂定之，以傅会其狱"，上报大理寺。

十二月十八日，大理寺接到审判的材料，开始研究如何量刑断案。由于证据不足，意见十分分歧。大理少卿薛仁辅认为岳飞无罪，寺丞李若朴和何彦猷认为最多判徒刑二年。他们反映给大理卿周三畏。周再报告给万俟卨，卨默不作声。周说："判刑应当依法，我岂能愧对这顶大理卿帽子呢？"可是，万俟卨根本不听这些反对的意见，仍然以"岳飞私罪斩，张宪私罪绞，岳云私罪徒"定案，上报高宗，请"圣旨裁断"。

当时朝廷内外对岳飞一案十分震惊，许多具有正义感的官员，纷纷出面进行营救。这时已罢官闲居的韩世忠，本已杜门谢客，绝口不谈政事，但实在无法平息愤懑的心情，还是去质问秦桧，有什么根据说岳飞谋反？秦回答说："飞子云与张宪书虽不明，其事体莫须有。"他蛮不讲理地认为，尽管岳云给张宪的书信找不到了，难道这个事也没有吗？我看是或许有的，可能有的。韩世忠见他硬把无理说成有理，只好怫然说道："相公，'莫须有'三字，何以服天下乎？"

高宗和秦桧既然决心与金人讲和，就必须满足金人的条件杀掉岳飞。这既除掉了妨碍自己的绊脚石，又杀鸡给猴看，警告拥有军权的武将们必须顺从，使自己的统治基础得到加强和巩固，又何乐而不为呢！于是不顾众人的反对，一意孤行，在这年的除夕，下达了"特岳飞赐死，张宪、岳云并依军法施行"的"圣旨"。

当天，大理寺的执法官遵旨来到狱中，逼岳飞在供状上画押。岳飞知道最后的时刻到了，他想到自己一生精忠报国，光明磊落，问心无愧；现在无辜被害，老天有眼，终有昭雪的一天。便镇定自若地提起笔来，在供状上写下了八个大字："天日昭昭！天日昭昭！"一代忠臣，爱国名将，民族英雄岳飞，就这样惨死了。年仅39岁。

岳飞死后，宋金议和，两国东以淮河为界，西至大散关，其北之地全归金国所有。宋向金称臣，每年奉银绢五十万。从此，形成南北对峙的局面，堂堂大宋五朝只能偏安一隅，难以再谈恢复了。此后，虽然不断有人揭露秦桧误国，要求为岳飞平反，但高宗在位，坚持妥协投降路线，平反昭雪的事受到重重阻碍。

二十年后，金主完颜亮再度撕毁和议，发动大规模南侵，南宋军民请求给岳飞雪冤，"以谢三军之士，以激忠义之气"。高宗才不得不下令，让岳飞的子孙家属从流放的地方内移生还，但仍荒谬地把岳飞同蔡京、童贯等奸贼相提并论，不肯为岳飞彻底平反。

直到高宗下台，孝宗即位，为了进行北伐，鼓舞士气，才下诏追复岳飞原官，以礼改葬，访其子孙，加以录用。这场毫无道理的冤案总算得到了平反。

第五章 忠义之忍

岳飞的冤案，留给后人的感慨和思考是深刻的，没有穷尽的。元朝诗人赵孟顺在拜谒《岳王墓》中说："英雄已死嗟何及，天下中分遂不支。"明朝名士文征明在《题杭州岳飞庙》中说"拂拭残碑，敕飞字依稀堪读。慨当初倚飞何重？后来何酷？果是功成身合死，可怜事去言难赎。最无辜堪恨亦堪怜，风波狱。"

岳飞官场固然不会忍，但在民族危亡时刻，我们没有理由去责备岳飞不会忍，只有痛骂以高宗、秦桧为首一伙人的卖国行径。

袁崇焕为国不谋身

自古忠君和爱国是两层含义，忠君未必爱国，而爱国则是先为国后为君，这才是实实在在的忠臣。不是这些忠正之臣不谙此道，而是他们为国家、民族舍生取义，忍住了个人生死荣辱，因此他们的生命乐章更富有激情。

崇祯是一位极有抱负的皇帝，他精力充沛，聪明而果断，即位不久，便铲除了阉党魏忠贤，令群臣扬眉吐气，但遗憾的是崇祯缺少帝王应该有的博大胸襟。生于帝王之家，宫闱的斗争使他内心又深藏猜忌，他的这一性格特征与聪明果断相结合，促成了他行为的刚愎自用，从而中了一条并不高明的反间计，错杀袁崇焕，导致了一场千古悲剧。

驻守宁远战功卓著

万历初年，满清在东北崛起。努尔哈赤以祖父遗留下的十三副铠甲起兵，经过二十几年的征战，征服了整个女真族，建立了后金政权，然后向明朝发起进攻，攻占了辽东重镇抚顺。正在这时候，明神宗死去，他的儿子光宗也只做了一个月的皇帝，就因误服药物而一命呜呼，皇位由光宗的儿子朱由校继承，年号天启。

朱由校当时还只是个15岁的孩子，他性格懦弱，最喜欢木工制作，自己动手盖的房子和制作的机巧器物。于是他就把政事交给了在他做太子时就服侍他的太监魏忠贤。

魏忠贤专权以后大肆杀害正直朝臣，广结私党，祸乱国家，形成了中国历史上最大的"阉党"。在这样一个朝廷的统治下，边境防务是可想而知的。辽东形势日益严峻，更换了几任统帅。这时，袁崇焕登上了抗击满清进犯战争的历史舞台。

袁崇焕是广东东莞人，祖上原籍广西梧州藤县。他为人慷慨，富于胆略，喜谈军事，年轻时就有志于办理边疆事务。万历四十七年（1619 年）袁崇焕中了进士，被派到福建邵武去做知县。天启二年（1622 年）袁崇焕到北京述职，他在和朋友们谈论时发表了一些对辽东军事很中肯的意见，引起了御史侯恂的注意。侯恂向朝廷荐举他，朝廷于是升他为兵部职方司主事，办理防务事宜。

明代就像宋代一样，信任文官而不信武官，皇帝害怕武官权力大了要造反，因此派文官指挥战役，再加上多方的牵制，所以往往失败。袁崇焕任兵部主事不久，正赶上王化贞大败而归。一时间，朝廷惊慌失措，京城谣言四起，人心惶惶。袁崇焕悄悄地骑了一匹马，孤身一人出山海关考察军情。不久他回到北京，向上司详细报告了山海关外的形势，并说："只要有兵马粮饷，一人足以守住山海关。"这虽然有些书生意气，但朝廷还是升任袁崇焕为兵备佥事。

袁崇焕到山海关后，起初做辽东经略王在晋的下属，在关内办事。当时王在晋专意防守山海关。袁崇焕认为，为了保住山海关，应当将防线北移，在宁远筑城驻守。

朝廷中的大臣大都反对，认为宁远太远，难以防守。大学士孙承宗没有轻易发表意见，他亲往关外视察，支持袁崇焕的意见。不久，朝廷派孙承宗代替王在晋，做了辽东主帅，他令袁崇焕和副将满桂驻守宁远。

第五章
忠义之忍

1622 年，袁崇焕到达宁远，立即着手筑城。宁远城高墙厚，成为关外抗击满清的最主要的防御工事之一。袁崇焕由筑此城开始，经营辽东防务达 20 年。在袁崇焕未被杀死以前，满清军队虽然多次绕道进袭包括北京城在内的一些城镇，但始终未能真正跨过宁远城一步。

经过袁崇焕和孙承宗几年的苦心经营，明朝的边防力量大大增强，明军开始主动出击，陆续收复了一些失地，并把防线向北推进了几百里。面对已经取得的战果和宏伟计划的逐渐实现，袁崇焕内心充满了喜悦。袁崇焕也因功连连升官，先升为兵备副使，又升为右参政，主帅孙承宗也对他青睐有加。

陷入党争被迫辞职

前线虽逐渐稳固下来，但朝廷却日渐腐败下去，魏忠贤的专横跋扈引起了正直朝臣，尤其是东林党人的义愤，纷纷上书弹劾魏忠贤，魏忠贤就采取极端的手段，杀害了杨涟等 6 人，史称"前六君子"，并把抗清立有大功的熊廷弼也一并处死。在镇压了这些反对派以后，魏忠贤的气焰更为嚣张，自称"九千岁"，肆意勒索贿赂。孙承宗对魏忠贤不买账，魏忠贤就派了一个叫高第的亲信去代替孙承宗做辽东主帅。

高第只会吹牛拍马，绝无所长，他到任后，胆小如鼠，不敢驻守宁远城，胡说宁远战不可战，守又不可守，命令立即撤退。作为广东人，袁崇焕有一股"蛮劲"，他坚决不服从，认为军事上有进无退，宁远一撤，全线即刻崩溃。高第虽是袁崇焕的上级，但因他胆小，况且也是文官出身，竟对袁崇焕无可奈何，只好下令把锦州及其他几个防守据点的兵马撤到了山海关。这样一来，宁远城就好像旷野里的一株枯树，完全暴露在寒风之中了。努尔哈赤等待的机会终于到来了。

天启六年，努尔哈赤亲率大军13万进攻宁远城。那位魏忠贤派来的高经略坐在长城垛口上，以隔岸观火的悠闲心态，幸灾乐祸地看着宁远城的覆灭和袁崇焕的败亡。然而，只有孤城一座和守兵一万的袁崇焕，并无丝毫的怯惧之意，而是坚定地率兵抵抗，于是，著名的宁远大战开始了。

2月，努尔哈赤的八旗精兵长驱直入，到达宁远城下，努尔哈赤派人劝降道："我以30万人来攻，此城破之必矣！"袁崇焕回答说："义当死守，岂有降理！且称来兵30万，予亦岂少之哉？"

努尔哈赤先派兵绕过宁远城，切断了宁远城和山海关的联络，以防明军增援。其实努尔哈赤多此一举，他不派兵，高第也绝不会来援。但袁崇焕并不畏惧，他派总兵满桂、参将祖大寿分兵把守4门，把城外居民迁入城内，坚壁清野，组织居民、商人送水送饭，并刺血作书，激励将士，还把远在山西的妻子儿女接入城中，以示与宁远城共存亡。在宁远城内军民总动员、严阵以待的情况下，满清军队开始发动进攻了。

满清军队极其骁勇善战，袁崇焕的军队也十分勇敢善战。他们在城上安装了红夷大炮，每一炮都给敌人以深重的打击，对近处的爬城军士，则从垛口上伸出许多长长的木柜子，柜子里装着士兵，士兵居高临下，用石头和箭矢打击敌人，再扔出浸有油脂和硫黄的被絮等物燃烧敌人的战具。就这样，满清军队的猛烈进攻，一次又一次地被打退了。满人劳师无功，只好撤围而去。

敌人撤围后，袁崇焕还表现出一派儒者的风度，派使者送信对努尔哈赤说："老将纵横数十年，无有不胜，今败于小将之手，恐怕是天意啊！"努尔哈赤也很客气地致书袁崇焕，并赠以马匹，"约期再战"。

努尔哈赤在攻城时受了炮伤，只得躺在车中郁郁而回，数月后去世。自此以后，满清军队对袁崇焕又敬又畏。宁远大捷的消息传到京城，朝野上下喜出望外，一片欢呼。高第因没有援救宁远而被免职，由兵部尚书王之臣取代。袁崇焕升为四品右佥都御史。随即袁崇焕主动出击，又陆续收复了高第所放弃的土地。

努尔哈赤死后，他的儿子皇太极继位。皇太极是中国历史上少有的一位具有雄才大略的皇帝，他采取正确的战略，暂时放弃宁远，转而攻打朝鲜。就当时明清而言，双方都需要一段休战时间，以便实行各自的计划。明方需要筑城、练兵，清方则要进攻朝鲜，掠夺财富，巩固统治。在这样的局势下，袁崇焕提出与皇太极和谈，皇太极表示赞同，但明皇帝和许多大臣坚决反对，满清从来都是附庸国，皇太极不够谈判对手的资格。

袁崇焕和皇太极商谈时，皇太极利用这个机会打败了朝鲜，袁崇焕也加紧修筑锦州中左、大小凌河等地的防御工事，并派出援朝军队，只因朝鲜很快投降，明军也就退了回来，没有和清军发生冲突。

皇太极进攻朝鲜的战争取得了重大的胜利，财物得到了补充，局势也稳定下来，但他看到袁崇焕修城池，练兵马，势力越来越强大，如不加紧攻击，愈加难图，况且求和又不成，于是，皇太极决定"以战求和"。

天启七年，皇太极率大军攻打辽西的许多军事重镇，攻陷了大小凌河，随即又攻锦州。从5月11日到6月4日，将领赵率教率领明军与皇太极展开激战。清军损失惨重，但还是没有将锦州攻下来。皇太极见攻锦州不成，就转攻宁远。袁崇焕严阵以待，成竹在胸，两军相接，激战两天，双方损失都很惨重，但皇太极还是没攻下宁远。皇太极再转攻锦州，但锦州城防守坚固，清兵死伤枕藉，无法攻克。当时正值炎热季节，清军不少中暑得病，士气低落，皇太极不得不撤回沈阳。

宁锦之役，明军取得了胜利，但作为主帅的袁崇焕并没因此而受重赏，只是升了一级官。其根本原因在于袁崇焕不是魏忠贤的同党，袁崇焕当年中进士的主考老师和推荐他做辽东防务的人都是东林党的首领，因而，虽有"宁远大捷"和"宁锦大捷"，袁崇焕还是讨不到魏忠贤的欢心。这时，魏忠贤见袁崇焕威势日增，便指使同党攻击袁崇焕不去救锦州。袁崇焕只好辞职，回老家广东去了。

崇祯冤杀袁崇焕

这年8月，天启帝朱由校驾崩，因无子嗣，由他的亲弟弟朱由检继位，改年号崇祯。崇祯帝当时才17岁，却十分精明能干。他不动声色地翦除了魏忠贤的阉党，逼得魏忠贤自杀，巧妙而又干净地除掉了朝廷的毒瘤。魏忠贤死后，被排挤的袁崇焕被重新起用。

开始的时候，崇祯对袁崇焕言听计从。袁崇焕提出了诸如保障粮草、排除干扰等要求，崇祯都一口答应。崇祯赐给袁崇焕一柄尚方宝剑，以表示他对袁崇焕的信赖和支持，让他去总督宁远防务。

但袁崇焕尚未到宁远，宁远军中就因为欠饷而发生兵变。因为财富均被官员和地方刮走，国库空虚，拿不出钱来发军饷。袁崇焕则建议用皇宫中的钱来发饷。崇祯是个爱财如命的人，听后十分生气，不再像以前那样信任袁崇焕了。

不久以后，袁崇焕诛杀皮岛大将毛文龙又引起了崇祯的疑忌。皮岛是辽东南部海中的一个岛屿，地势十分重要。皮岛守将毛文龙曾抗满清有功，但他后来成了魏忠贤的"干儿子"。袁崇焕认为毛文龙有通敌之嫌，便设伏兵捉住了毛文龙，请出尚方宝剑将他诛杀。袁崇焕向崇祯报告了诛杀毛文龙的原因和经过，崇祯认为他擅杀大将，别有用心。但因当时正依靠袁崇焕来抗清，就未加责备。

　　皇太极知道自己的力量敌不过明朝，所以一直想议和，但崇祯极其傲慢，根本不予承认，虽经袁崇焕从中调停，总是不能成功。于是，皇太极率兵十余万，绕开袁崇焕驻防的宁远，从西路京师。这时袁崇焕率兵，火速来援，并沿途留下军队以截断清军退路，最后驻兵于北京广渠门外。

　　清军的猛烈进攻吓得崇祯魂飞魄散，京师一片慌乱。现在袁崇焕来了，崇祯心神略定，对他赞赏备至。袁崇焕认为部队疲劳，要求入城休息，但崇祯心中十分疑忌，借故推托不许其部队入城。袁崇焕又要求屯兵外城，崇祯也不答应。只是催促他快与敌交战。

　　袁崇焕以两昼夜三百余里的速度紧急增援京师，已是人困马乏，但在崇祯的催促之下，不得不与皇太极交战。仗打得非常艰苦，两军相持了很久，袁崇焕身穿铠甲，冲锋陷阵，两胁下受了几处箭伤。后来皇太极终于不支，退到南海子边休整。崇祯见皇太极没有退远，便急不可耐地催促袁崇焕追击，甚至围歼敌人。

　　这时虽然明军来了几路人马，袁崇焕也统一了指挥权，但决战时机很不成熟。万一出城决战，皇太极以置之死地而后生的态度来与明军拼命，明军很有可能溃退。如果发生了这种情况，那北京城就顷刻而下了。因此，袁崇焕的坚守不战是正确的。但崇祯却怀疑袁崇焕了，认为他是拥兵自重，要挟制自己，甚至谋权篡位。至少也是要强迫自己采用他一贯与满清议和的主张。这么一想，崇祯那颗刚愎自用而又傲慢的心就受到了很大的损伤。

　　此时，皇太极在城外大肆烧杀抢掠，使得京郊的百姓大受其害，且崇祯身边的太监也多在京都置有田产，都深痛自己大破其财。想来想去，这怨愤就泼在了袁崇焕的身上，说满人是袁崇焕引来的，是想要挟皇上与皇太极议和的。一时之间，这些舆论不知怎么就漫天而起，甚至大骂袁崇焕是"汉奸"，弄得人心惶惶，真假不分。更难理喻的，当时有人竟站在北京城的城墙上往城下袁崇焕士兵的头上扔石头，一边扔一边骂"汉奸"。

崇祯知道了这一消息，疑心更大，恐慌起来。恰在这时，皇太极依照《三国演义》上的"群英会蒋干中计"一节，使起反间计来。

就在这以前，满人捉到两名派在城外负责养马的太监，一个叫杨春，一个叫王成德。在撤回途中，皇太极派副将高鸿中，参将鲍承先、宁完我等人监守。到了晚上，鲍承先依照皇太极所授的密计，对宁完大声"耳语"道："这次撤兵，并不是我们打了败仗，那是主上的妙计。你看到没？主上单人匹马出阵，敌军中有两名军官过来参见主上，商量了好久，那两个军官就回去了，皇上和袁崇焕已有密约，大事不久就可成功了。"两名太监正躺在旁边，把这些话听得十分清楚。第二天，杨春见敌人撤退时十分慌乱，便趁敌人的"疏忽"逃奔而归，并马上把这些话报告了崇祯。多疑而又忮刻的崇祯听了这些话马上相信了。他立刻召袁崇焕进宫，在宫中将其逮捕下狱。袁崇焕的部将祖大寿等人见状惊慌莫名，只好出城等候。三天之后，袁崇焕被定以通敌谋反罪。祖大寿闻讯即刻率军回锦州，途中遇见驰援的袁军主力，了解了北京的情况后，也当即掉头而回。

祖大寿掉头而回，崇祯大为恐慌，他生怕清军再来攻城，连忙派人去让袁崇焕写信召回祖大寿。袁崇焕先是不肯写，认为这种做法于情理不通。但崇祯无论如何不肯向袁崇焕认错。在群臣的劝说之下，袁崇焕"以国家为重"，写信召回祖大寿。祖大寿本来迟疑不决，他的母亲说："如果你不回军，只能加重袁督师的罪名。如果你回去攻下一些地方，打一些胜仗，或许能救袁督师出狱。"祖大寿听了母亲的话，率师返回，沿途攻陷了清军占领的两座城池，也就是断了清军的两条归路。

皇太极听说袁崇焕下狱，大喜过望，立刻回师卢沟桥，大破明军四万多人，擒获和斩杀了一些明军的高级将领，京师大震。但听说祖大寿率兵返回，惧怕归路被截，领兵从山海关缓缓而退。

清兵一退，崇祯又感心中大定。是时，朝野之上纷纷上书替袁崇焕辩冤求情。还有许多人情愿以身代之。袁崇焕也在狱中写信，让部下安心抗敌。半年之后，明军把满人赶出了长城，崇祯却下旨处死了袁崇焕。

崇祯杀袁崇焕，无异是自毁长城，这是由他的刚愎自用的性格所致。而袁崇焕被杀，与自己不善自保也不无关系。在这里，不善自保已经不是个人的事情，而是关系到国家民族的命运。因此，善于自保有时绝不仅仅是为了个人的利益，而是为了整个大局。这与圆滑的混世主义有着本质的区别，也是大智慧与小智慧的主要分别。

第六章　宏量之忍

　　宽宏大度能容天下难容之事，这是雅量之人的品行，其实这种雅量的实质是忍，这种忍能容得下屈辱、仇怨、功名利禄……这种忍与大材之忍差不多，但二者是有区别的，大材之忍是一种智慧，一种韬略，而宏量之忍则是毫无功名困扰，是一种为人处世的修养。遗憾的是，不知世间有几人能有如此雅量。

宰相权大肚量亦大

俗话说："将军额头跑得马，宰相肚里能撑船。"作为"一人之下，万人之上"的宰相，面对别人的争斗甚至是欺侮，不是用手中的权力报复对方，而是隐忍退让，息事宁人，自然会赢得美名。春秋时齐国的宰相孟尝君、唐代宰相娄师德和清代大学士张英是其中的代表人物。

孟尝君容忍夺妻恨

春秋战国时期，有所谓的战国四公子，即齐国的孟尝君，赵国的平原君，魏国的信陵君和楚国的春申君。据记载，这四个人的门客有时多达三千人。养士就要有大度的性格、容人的雅量，不然则会所养非士。在这一方面孟尝君容人、容才的度量就不是一般人能学得来的。孟尝君的一个门人与孟尝君的夫人私通。有人看不下去，就把这事告诉了孟尝君："作为您的手下亲信，却背地里与您的夫人私通，这太不够义气了，请您把他杀掉。"孟尝君说："看到相貌漂亮的就相互喜欢，是人之常情。这事先放在一边，不要说了。"

过了一年，孟尝君召见了那个与他夫人私通的人，对他说："你在我这个地方已经很久了，大官没得到，小官你又不想干。卫国的君主与我是好朋友，我给你准备了车马、皮裘和衣帛，希望您带着这些礼物去卫国，与卫国国君交往吧。"结果，这个人到了卫国受到重用。

后来齐国、卫国的关系恶化，卫君很想联合天下诸侯一起进攻齐国。那个与孟尝君夫人私通的人对卫君说："孟尝君不知道我是个没有出息的人，竟把我推荐给您。我听说齐、卫两国的先王，曾杀马宰羊，进行盟誓说：'齐、卫两国的后代，不要相互攻打。如有相互攻打者，其命运就和牛羊一样。'如今您联合诸侯之兵进攻齐国，这是您违背了先王的盟约，并且欺骗了孟尝君啊。希望您放弃进攻齐国的打算。您如果听从我的劝告就罢了，如果不听我的劝告，像我这样没出息的人，也要用我的热血洒溅您的衣襟。"卫君在他的说服和威胁下，终于没有进攻齐国。

齐国人听说了这件事后说："孟尝君可以说是善于处事、转祸为福的人了。"

孟尝君被逐出齐国以后又被"平反昭雪"，再次返回齐国任相，他的政敌都很害怕，提心孟尝君会报复。孟尝君的好朋友，著名辩士谭拾子到齐国的边境上去迎接孟尝君。

谭拾子直言不讳地对孟尝君说："您对齐国的士大夫是不是有怨恨呢？"孟尝君也不加掩饰地说："是的。"谭拾子又问："是否把他们都杀掉您才满意呢？"孟尝君说："是的。"谭拾子说："事情总有其发展的必然结果，也总有其发生的原因，您明白吗？"孟尝君说："我不明白，请先生指教。"

"人总有一死，这就是事物发展的必然规律；人在有钱有势时，别人就愿意去接近他。如果贫穷低贱，别人就会离开他，这是事物的本来的规律。就让我举个例子吧，早市上人满为患，而夜市上却冷冷清清。这并不是因为人们喜欢早市，厌恶夜市，而是因为早市上有人们喜欢的东西，而夜市上则没有。人情冷暖，世态炎凉，本来如此，您还是别往心里去吧！"孟尝君听信了谭拾子的话，把他所怨恨的人全都从簿子上划掉，从此不再提起此事。

有一句话叫"得饶人处且饶人"，这话很有道理。不必把人逼到绝境，天地虽大，总有见面的机会，所谓"三年河东，三年河西"，日后总会有交往的机会，给人方便就是给己方便。小人之忍施以奸诈，君子之忍施以宽厚。人说："杀父之仇，夺妻之恨，不共戴天。"孟尝君能容得下夺妻之恨，这倒不是他懦弱，而是实实在在的大度之忍。

娄师德唾面自干

娄师德是唐朝武则天时期的宰相，身体非常肥胖。有一次，娄师德和比他官阶低的李昭德一同上朝去。李昭德边走边等他，开始还觉得挺有味儿，看着娄宰相步履艰难、满头大汗，不禁暗暗发笑。眼看着上朝就要迟到了，李昭德不断催促娄师德走快点，可娄先生照旧慢慢晃悠着，李昭德先生非常气愤，忍不住说："我被种田的庄稼汉拖住了！"话一出口，万分后悔起来，怎么竟犯了宰相大人的忌呢！偷偷地望了望娄大人，娄师德正微笑着对他说："我这么愚钝，不做田舍郎，那么谁来做呢？"这位行动迟缓，满面笑容，自号为种田汉的宰相娄师德，和李昭德肩并肩往朝廷走去，仿佛什么事也没有发生过。

娄师德的弟弟即将出任一个州的州官，赴任之前，来向兄长辞行，并且向兄长讨教做人和做官的经验。

娄师德告诫弟弟说："现在，我做宰相，你做州官，你知道别人会怎么样呢？"

弟弟说："我猜想他们准会嫉妒咱们。"

娄师德问："那你准备怎么对付呢？"

弟弟认真地说："我虽然不聪明，但颇有忍耐之心。从今往后，如果有人把唾沫吐在我的脸上，我会悄悄地把它擦干。人家的嫉妒和挑衅，我不会计较，我装着不知道不去管它，这样就可以平息他们的妒火，不至于结下冤家，惹是生非。因此，你可以不必为我担忧了。"

娄师德听了，摇了摇头，说："你所做的，正是我所担忧的。你想想，人家为什么向你吐口水？还不就是为了侮辱你。你如果把口水擦干，虽然并没有对他表示抗议和不满，但还是违背了人家的意愿，扫了他的兴。人家没有达到目的，自然不会罢休，下次可能还要吐到你的脸上。因此你最好的办法，就是让唾沫留着，让它自己干掉，没有人时再把它洗去。"

弟弟听了，越发佩服兄长的宽容大度。

娄师德教导弟弟要"唾面自干"，忍受别人的侮辱，是屈辱到了极致来平息事端的做法。别人无理取闹，要把唾沫吐在你的脸上来宣泄自己的不快，一般人只能做到像娄师德的弟弟那样，不声不响地把口水擦去。在娄师德看来，这只是忍的第一种境界。擦去口水的行动，表明你承受了侮辱，却万分不甘愿。吐口水者的意思，本是要让你出丑，使他快意，你擦去口水，未免使你的洋相没出够，他的快意也未尽兴。忍的第二个境界就是让口水挂在脸上，这样做是实在不舒服，但保准会使唾沫者得到最大的满足，他拿你只有无可奈何了。而且，口水挂在脸上，未必是侮辱了自己的尊严和人格。在聪明公正的旁观者眼中，它可以作为受辱者高尚人格的证明，它也是辱人者丑恶心灵里面的一个斑点。退一步海阔天空，退两步天地更宽，而且将把对手挤到无地自容的地步。

"唾面自干"几乎成为一种奉行中庸之道者的性格，但我们必须注意到它也是一把双刃剑。恪守"唾面自干"的原则，如果是出于委曲求全，那么它有利于处理好人际关系，把事情办好；如果是出于逆来顺受，不敢抗争，那么脸上的口水积得越多，越让人家瞧不起，也越会使人际关系走向畸形。

张英让出六尺巷

清朝康熙年间的某一天，大学士张英收到一封来自安徽桐城老家的信。原来，他们家与邻居叶家发生了地界纠纷，谁也不肯相让一丝一毫。由于牵涉到宰相，官府和旁人都不愿沾惹是非，纠纷越闹越大，张家人只好把那件事告诉张英。

张英阅过来信，大叫："这还不好办！听我的，保险什么事情也不会有。"说完哈哈大笑起来，旁边的人面面相觑，莫名其妙。只见张先生挥起大笔，一首诗一挥而就。诗曰："千里修书只为墙，让他三尺又何妨？万里长城今犹在，不见当年秦始皇。"命令手下人快速送回安徽老家。

家里人一见书信回来，喜不自禁，以为张英一定有一个强硬的办法，或者有一条锦囊妙计。但家人看到的是一首打油诗，败兴得很。后来一合计，确实也只有"让"这唯一的办法，房地产是很可贵的家产，但争之不来，不如让三尺看看。于是立即动员将垣墙拆让三尺，大家交口称赞张英和他的家人的旷达态度。

宰相肚里能撑船，咱们也不能太落后。宰相一家的忍让行为，感动得叶家人热泪盈眶。全家一致同意也把围墙向后退三尺。两家人的争端很快平息了。两家之间，空出一条巷子，有六尺宽，有张家的一半，也有叶家的一半。这条一百多米长的巷子很短，但留给人们的思索却可以很长很长。

张英是一人之下万人之上的宰相，权势显赫。如果处理自家与叶家的矛盾时，稍稍打个招呼，露点口风，肯定会发生自下而上的倾斜，叶家肯定无力抗衡；再进一步，要是通过地方政府，不顾法律，搞行政干涉，叶家更会吃不了兜着走。这样，有形的尺寸方圆的土地是到手了，产业是庞大了，但无形中会失去许多东西。倒不只叶家这样的朋友，余波或许会从桐城一下子震荡到京城，京城里的影响可大着呢！由此可见，张英之忍实是一种宏量之忍，是一种修养和情操的展示。

但是，就算是张英旷达忍让，如果叶家人不予理睬，那条巷子也就只有三尺宽。三尺宽的巷子，也算是一条通道，通则通矣，却有点儿不够完美。完美是感觉出来的，六尺不比三尺宽多少，但若你置身其间，就会发现这是一条多么宽的人间道路！互相忍让，天地才会更宽广呀！

位高权重，自然需要高瞻远瞩的眼光，需要大局为重的胸怀，而不能斤斤计较。这样，自然而然就形成了宽宏的格调，才能做出隐忍无争的事来。可想而知，锱铢必较胸无宏量者，自然也难在高位待得长久。

刘秀柔道中兴

柔能克刚，是中国人处世的坚定信念，又是中国人处世的理想境界。刚中有柔，是忍；柔中有刚，也是忍。所以说，刚柔并济是真正的大忍。

柔中带刚，刚中有柔，刚柔相济，不偏不倚，是中国人处世准则。必须指出的是，不论在历史中还是现实中，刚者居多，柔者居少。若能以柔为主，寓刚于柔，其表现方式往往就是"柔道"。然而，尽管"柔道"是治国治民、为人处世的最佳方法，却由于贪婪、暴躁、逞一时之快、急功近利、目光短浅等人性中的弱点，人们一般不去施用，或是施行得不好。中国历史上的许多以"柔道"处世，以"柔道"治国的成功事例，早已证明"柔道"比"刚道"更加行之有效，其事半功倍、为利久远之特点，更是"刚道"所远为不及的。刘秀是一位以柔开国、以柔治国的皇帝。他以"柔"为主，在政治、军事诸方面也都体现出了这种精神，应该说他把中国的"柔道"发挥到了一个很高的境界。

宽柔德政收揽军心

刘秀是汉高祖刘邦的九世孙，据说身长七尺三寸，生有帝王相。

当时王莽的"新政"很不得人心，加上天灾人祸，各地的农民纷纷起义，尤其是绿林、赤眉两支起义军声势浩大。刘秀与兄长刘縯也谋划起义，得众七八千人。

刘秀起义后一度并入绿林军。绿林军为了号召天下，立刘秀的族兄刘玄为帝，年号更始。王莽纠集新朝主力42万人，派大司空王邑、大司徒王寻率领，直扑绿林军。刘秀以少胜多，打赢昆阳之战，兄弟两人威名日盛，这就遭到另一派起义军将领的嫉妒。结果起义军内部发生了分裂，刘縯被杀。

刘秀听到哥哥被杀，十分悲痛，大哭了一场，立即动身来到宛城，见了刘玄，并不多说话，只讲自己的过失。刘玄问起宛城的守城情况，刘秀归功于诸将，一点也不自夸自傲。回到住处，逢人吊问，也绝口不提哥哥被杀的事。既不穿孝，也照常吃饭，与平时一样，毫无改变。刘玄见他如此，反觉得有些惭愧，从此更加信任刘秀。其实，刘秀因为兄长被杀而万分悲痛，此后数年想起此事还经常流泪叹息。但他知道当时尚无力与平林、新市两股起义军的力量抗衡，所以隐忍不发。刘秀的这次隐忍，既保全了自己，又在起义军中赢得了同情和信赖，为他日后自立创造了一定条件。

等到起义军杀了王莽，迎接刘玄进入洛阳，刘玄的其他官属都戴着布做的帽子，形状滑稽可笑，洛阳沿途的人见了，莫不暗暗发笑。唯有司隶刘秀的僚属，都穿着汉朝装束，人们见了，都喜悦地说："不图今日复见汉宫威仪。"于是，人心皆归刘秀。

刘玄定都洛阳以后，便欲派一位亲近而又有能力的大臣去安抚河北一带。刘秀看到这是一个发展个人力量的大好机会，便托人往说刘玄。刘玄同意了这个请求，刘秀就以更始政权大司马的身份前往河北，开始了扩张个人势力。刘秀在河北每到一地，必接见官吏，平反冤狱，废除王莽的苛政，恢复汉朝的制度，释放囚犯，慰问饥民。所做之事，

均都顺应民心，因而官民喜悦。

当时，有个叫刘林的人向他献计说："现在赤眉军在黄河以东，如果决河攻之，那么百万人都会成为鱼鳖了。"刘秀认为这样太过残忍，定会失去民心，就没有这样做。由于他实行"柔道"政策，服人以德不以威，众人一旦归心，就较为稳定。

刘秀认为"柔能制刚，弱能制强"，他多以宽柔的"德政"去收揽军心，很少以刑杀立威。当时，铜马起义军投降了刘秀，刘秀就"封其渠帅为列侯"，但刘秀的汉军将士对起义军很不放心，认为他们既属当地民众，又遭攻打杀掠，恐怕不易归心。铜马起义军的将士也很不安，恐怕不能得到汉军的信任而被杀害。在这种情况下，刘秀竟令汉军各自归营，自己一个人骑马来到铜马军营，帮他们一起操练军士。铜马将士议论说："萧王（刘秀）如此推心置腹地相信我们，我们怎能不为他效命呢？"

在消灭王郎以后，军士从王郎处收得了许多议论刘秀的书信，如果究查起来，会引起一大批人逃跑或者造反。刘秀根本连看都不看，命令当众烧掉，真正起到了"令反侧子自安"的效果，使那些惴惴不安的人下定决心跟刘秀到底。

赏罚严明善待功臣

公元25年，有人自关中捧赤伏符来见，说刘秀称帝是"上天之命"，刘秀便在诸将的一再请求下称帝，年号建武，称帝之后，便和原来的农民起义军争夺天下。此时，他仍贯彻以柔道治天下的思想，这对他迅速取得胜利起到了很大的作用。

刘秀轻取洛阳就是运用这一思想的成功范例。当时，洛阳城池坚固，李轶、朱鲔拥兵30万。刘秀先用离间计，让朱鲔刺杀了李轶，后

第六章
宏量之忍

又派人劝说朱鲔投降。但朱鲔因参与过谋杀刘秀的哥哥的事，害怕刘秀复仇，犹豫不决。刘秀知道后，立即派人告诉他说："举大事者不忌小怨，朱鲔若能投降，不仅决不加诛，还会保其现在的爵位，并对河盟誓，决不食言。"朱鲔投降后，刘秀果然亲为解缚，以礼相待。

公元27年，赤眉军的樊崇、刘盆子投降，刘秀对他们说："你们过去大行无道，所过之处，老人弱者都被屠杀，国家被破坏，水井炉灶被填平。然而你们还做了三件好事：第一件是你们虽然攻破城池、遍行全国，但没有抛弃故土的妻子；第二件是以刘氏宗室为君主；第三件事尤为值得称道，其他贼寇虽然也立了君主，但在危急时刻都是拿着君主的头颅来投降，唯独你们保全了刘盆子的性命并交给了我。"于是，刘秀下令他们与妻儿一起住在洛阳，每人赐给一间宅屋，二顷田地。就这样，刘秀总是善于找出别人的优点，加以褒扬。

刘秀极善于调解将领之间的不和情绪，决不让他们相互斗争，更不偏祖。贾复与寇恂有仇，大有不共戴天之势，刘秀则把他们叫到一起，居间调和，善言相劝，使他们结友而去。对待功臣，他决不遗忘，而是待遇如初。征虏将军祭遵去世，刘秀悼念尤勤，甚至其灵车到达河南，他还"望哭哀恸"。中郎将来歙征蜀时被刺身死，他竟乘着车子，带着白布，前往吊唁。刘秀这种发自内心的真诚，确实赢得了人心。

刘秀实行轻法缓刑，重赏轻罚，以结民心。他一反功臣封地最多不过百里的古制，认为"古之亡国，皆以无道，未尝闻功臣地多灭亡者"。他分封的食邑最多的竟达六县之多。至于罚，非到不罚不足以惩后时才处罚，即便罚，也尽量从轻，决不轻易杀戮将士。邓禹称赞刘秀"军政齐肃，赏罚严明"，不为过誉。

在中国历史上，往往是"飞鸟尽，良弓藏；狡兔死，走狗烹；敌国灭，谋臣亡"，但唯独东汉的开国功臣皆得善终，就这一点，就足以说明刘秀"柔道"治国的可取性。刘秀在称帝之前就告诫群臣，要"在上不骄"，做事要兢兢业业，如履薄冰，如临深渊，日慎一日。在后来的岁月里，刘秀始终如一地自戒诫人，这种用心良苦的告诫，虽不能从根本上扭转封建官场的习气，但毕竟起了一定的作用。

刘秀"柔道"兴汉，少杀多仁，遇刚则施柔，遇柔则施以缓，不论是军事、政治还是外交等方面都治理得很好。曹操以奸诈成功，刘秀以"柔道"而得天下，看来，儒、道理论并非迂腐之学，只要运用得当，完全可以比别的方法更有效、更好。这是实实在在的大忍。

第六章
宏量之忍

第七章　旷达之忍

旷达之忍是一种与世无争、天生乐天派之忍，多为文人雅士所忍。所谓小隐隐山林，大隐隐于世。旷达之忍，既隐于山林，又隐于世，这种忍实际是一种自我修养的精神境界。

第七章　旷达之忍

魏晋风度也是忍

魏晋南北朝时期，政治斗争风云变幻，稍有不慎就会招来杀身之祸。如果要想在这一时期保持自己高洁的人格，那就更加困难了。然而恰恰有一群名士，如阮籍、刘伶、王羲之等人，保持着优雅高洁的"魏晋风度"。

魏晋风度也是忍，忍得旷达，忍得浪漫，它有自己特定的人格模式，自由、狂放、洒脱不羁而又纯真自然，表现出了对人的本真生命的强烈向往和追求，是人的青春生命的一次艳丽的迸发。

阮籍逃避政治

曹操的子孙从刘氏宗族的手里夺来的皇权，没有几年就保不住了。正始十年（249 年）司马懿策划政变，诛灭曹爽三族，后来，"司马昭之心，路人皆知"，干脆就篡夺了曹魏的政权，建立了晋朝。

在这期间，司马氏集团在思想上的控制是非常严格的，他对当时有名的知识分子采取的是又拉又打的方法。当时著名的"竹林七贤"，开始时都不与司马氏集团合作，但由于司马氏集团的分化瓦解，没有经过多长的时间，"竹林七贤"就有的投靠了司马氏集团，有的被找个借口残酷地杀害了。

阮籍是"竹林七贤"中的著名人物，也是当时的人望所在，他当然看不惯司马氏集团的所作所为，不想与他们合作。他志气宏达豪放，性格傲岸孤高，从小就有匡时济世的抱负，但在当时人人惴惴不安的恐怖气氛下，他采取的策略只能是"至慎"，"口不臧否人物"，所以，司马氏集团一直没有找到什么借口来对他实施什么措施。

曹爽专权时，阮籍曾被召为参军，但他以病推辞，隐居乡间。一年多后，曹爽被诛，人们都佩服他的远见。他忘情于山水之间，对朝廷的征聘，他不予理睬。后来司马氏掌权，他慑于其高压政策，为了逃避当权者的迫害，才出任小官。但他"居官无官之意"，做官实在是有些胡闹。实际上，他这样做是为了韬光养晦，为了让司马氏集团以为他只是徒有虚名而无实学的人，不被猜忌。

阮籍好酒是出了名的。当他遇到难题时，常常用醉酒不醒来躲避是非。但越是这样，他的名声就越大。司马昭看到阮籍很有声望，极力要把他拉到自己的营垒来，于是就派人到阮籍那儿，为他的儿子司马炎向阮籍提亲。如果二人做了亲家，那阮籍就是跳进黄河也洗不清。阮籍听说后，十分惶恐。他不愿和司马氏联姻，但是若要一口拒绝婚事，恐怕就会有性命之虞。于是，他又故技重施，听说司马昭派的媒人来了，就拼命饮酒，喝得酩酊大醉，不省人事。等提亲的官员来到，只见他呼呼大睡，怎么推他、喊他，都醒不了，什么话也讲不成。只好第二天再来，但他依然大醉不醒。后来司马昭亲自来提亲，他仍是如此。接连许多次，都是如此。弄得司马昭一直没有机会开口，婚事只好作罢。

阮籍这次醉酒，整整醉了60天，终于避开了这个难题。但还是有许多人想陷害他。钟会心怀叵测，好几次去找阮籍，提出一些问题来问他，想从他的口里找出破绽。阮籍看出他的用意，等他一来，就请他喝酒，自己也喝酒，边喝边聊，一喝就醉醺醺的，似乎什么正经话都说不了，搞得钟会对他一点办法都没有。尽管多次摆设圈套，却不能抓到一点把柄。阮籍因此避免了遭受陷害。

一次，阮籍听说步兵兵营的厨师善于酿酒，还存有三百斛酒。他就主动请求去做步兵校尉，后人因此称他为阮步兵。其实，他恐怕并不只是为了贪杯，这也是为了逃避当时残酷的政治斗争。

然而，在政治斗争的旋涡里是无法自全和自保的。后来，司马昭即位，因为阮籍在当时的文才最好，名气最大，如果他写了即位的诏书，对天下的士人很有号召力，于是，司马昭要他写即位诏书。他一拖再拖，但官员不断地前来催逼，最后还是无法逃脱，还是写了。在他干完了这件最不愿意干的事之后，就郁郁而死。

刘伶醉酒"死便埋"

当然，在"竹林七贤"中，最以饮酒著称的还是刘伶。由于他既善于写诗，又着意饮酒，并专门写过一篇歌颂饮酒的《酒德颂》，所以，后人往往把他看作文人中的酒仙。

刘伶身材矮小，其貌不扬。他性格落落寡合，不随便和人交往，只有阮籍、嵇康等朋友，他经常与其携手同游竹林。刘伶性情旷达，而不以家产有无为念，平生所好，似乎只有饮酒，他的生命与酒已经完全融为一体。他常常坐着鹿车，随身带着一壶酒，让童子着一把铲跟在车子的后面，嘱咐他说："如果我喝酒死了，你就随地把我埋掉算了，千万不要拘泥于世俗的礼节。"

与"竹林七贤"的其他成员一样，他是非常蔑视世俗的，他的表达方式甚至比"非汤武而薄周孔"的嵇康还要激烈得多。他放浪形骸到了这个地步，纵酒任性，毫无拘束。有时在家里喝得高兴了，便脱去衣服，赤身裸体，一个人狂呼乱舞。一次，他正跳跃得高兴，正好

有人进来，看见他光着身子，便讥笑他不成体统。他不仅不感到不好意思，反而嘲弄那人说："天地是我的房屋，房屋是我的衣服裤子，你们这些人竟然钻到我的裤子里来了，干什么啊？"结果，弄得那人狼狈逃窜。

刘伶饮酒无度，损坏了自已的健康，害了酒病，口渴得很厉害，便又向妻子要酒喝。他妻子把酒倒掉，把酒器也全毁坏，哭着求他说："你喝酒喝得太多了啊，这不是养生之道啊，你还是把酒戒了吧！"刘伶听后说："对啊！我应该戒酒啊！"他的妻子不相信，一定要他对鬼神发誓才可。刘伶对他的妻子说："好吧！你赶快去准备酒肉吧，好让我向鬼神祷告厂妻子听了他的话，信以为真，赶紧把酒肉备办好，让刘伶来发誓。刘伶跪下祷告说："天生刘伶，以酒为名。一饮一斛，五斗解酲。妇人之言，慎不可听。"说完，就拿起妻子准备的酒肉，又喝了个酩酊大醉。

刘伶和"竹林七贤"都不是普通的酒徒，他们或是借酒来逃避现实中残酷的政治斗争；或是以饮酒的疏狂来表示自己对现实的不满和愤懑；或是以酒来消解无以抒发的悲剧意识，总之，酒在他们那里已经和他们的内在生命融为一体，他们也赋予了酒以圣明的品格。因此，用酒香熏陶出了的魏晋风度一直成为后代文人向往不已的人格楷模。

王羲之父子寄情书法

王羲之是东晋著名的书法家，也是魏晋名士。他的书法在中国书法史上有崇高的地位和深远的影响，被后人尊为"书圣"。

王羲之是司徒王导的堂侄，而王家是东晋最有名望的士族。当时，太尉郗鉴有一个才貌都十分出众的女儿，就想趁此机会和王家结亲。他派门客去王导家去挑选女婿，王导家有资格的候选者早就听说了郗鉴女儿的芳名，于是就都早早地来到这里，希望能够入选。王导就带着郗鉴的门客到东厢房一个一个地相看他的子侄。王家的年轻人本来正在各干各的事，看见王导陪着陌生人进来，都好奇地看着陌生人，开始并不知道他们是干什么的，后来听说是太尉的门客来为太尉挑选女婿的，又都正襟危坐，一本正经地让客人观看，并诚惶诚恐地回答客人的问话。只有一人和别人不一样，他毫不在乎有客人进来，似乎不知道挑女婿这回事，依然坐在东床上，敞着怀吃着东西，并显出一脸怡然自得的样子。

门客回去后，向郗鉴报告说："王家的年轻人，个个都不错。不过听说我是来为您挑女婿的，都变得矜持拘谨起来。只有一个人还在东床袒腹而食。"郗鉴听了高兴地说："这个小伙子正是我要选的好女婿啊！"一打听，原来东床袒腹的，就是王羲之，郗鉴十分高兴，于是，就把女儿嫁给了他。

王羲之步入仕途后，勤政爱民，官至右军将军、会稽内史。后因不容于上司，便称病去职，并立誓不再做官。从此寄情山水，既是名士，又是隐士，过着逍遥自在的生活。他去世后朝廷赠衔金紫光禄大夫。但按照他早已立下的遗嘱，不予接受。

王羲之的儿子王献之为人与乃父有相似之处，性格豪放，志向高远，处事镇定从容。王羲之和谢安是好友，也是通家之好。有一次，王献之同他的哥哥徽之、操之一起去拜访谢安。谢见过礼，两位哥哥和谢安以及他们家的客人，侃侃而谈，但所说的大都是生活琐事，而王献之觉得谈这一类的话题没有什么意思，只不过寒暄几句，然后便不动声色地坐在那里听大家说话。

等王家三兄弟走后，客人们和谢安一起评论他们的优劣高下。有的说徽之卓尔不群，有的说操之一表人才，谢安却认为年岁小的献之最好，这使得客人们大惑不解。谢安解释说："吉人往往寡言少，因

第七章 旷达之忍

为他说话很少，所以他将来一定很有出息。"果然，后来只有王献之的成就可以与父亲相提并论。

魏晋风度历来是人们所向往的，这不但是学术之大成，同时也是大忍，也可以说是忍才使得他们在学术上取得了成就。嵇康、刘伶、王羲之、王献之等人本是大才，就是看不惯黑暗污浊的官场，所以致力于学术研究终成大器，但后人想要效法，又谈何容易。毕竟，人是万物之灵长。人还是有追求的，从某种意义上讲，它总可以为人做一人生坐标。

苏东坡才高愈旷达

在中国历史上，有许多这样的人，他们不仅是文化伟人，还是著名正直的官吏，他们耿耿正直，他们的文化贡献与人格交相辉映，在这些人中最突出的，应该是宋朝的苏轼。他一生纯白，绝无心机。

吟诗作对、科场得意说明不了苏东坡之忍，居庙堂之高、处江湖之远也说明不了苏东坡之忍，唯有政治上的失意，新、旧两党的排挤才能说明苏东坡是旷达之忍。

出人头地居中不偏

在中国的封建官场中，充满了阴谋和鲜血，但历史毕竟还是公正的。如果历史全让那些搞阴谋诡计的无耻之徒占去了，中国的历史就不会如此延续下来。苏轼一生纯白，绝无心机，更不玩权术，由此而使他在仕途上经历坎坷，几遭杀身之祸，但正是因为他不通权术，他才成为任何权术家都无可比拟的千古名人。历史的公正，在他的身上得到了充分的显现。

在他的一生中，似乎谁当权他就"反对"谁，整个政治生涯几乎就是在流放与贬谪中度过的。他经历无数次的磨难，最终病逝于从海南岛北归的途中。

苏轼绝非一个死板迂腐的学究，对于世态人情，乃至于从世态人情上引申出深刻的哲理，苏轼是深有心得的。因此，当苏轼踏上官场以后，他不是不懂"为官之道"，而是把官场看得太透，把那些争名逐利之辈看得太透，他们的一举一动乃至微妙心态苏轼都能看得一清二楚，但只有一点，就是苏轼决不同他们同流合污，只是为国为民着想，为正义着想，而不去屈就。

在全国选拔进士的会考中，苏轼以《刑赏忠厚之至论》的论文获得了欧阳修等主考官的高度赞赏，在这篇文章里，他充分表达了自己的爱国爱民之心，并言辞铿锵，文气充沛，尤其是能不拘古法，活用典故，更使审卷官们惊喜不已。欧阳修见卷子独占鳌头，便想评为第一，但又怕这卷子是自己的学生曾巩所为，评为第一会被人猜说，就判为第二，等开了封卷，才知是苏轼的试卷。在礼部进行的口试复试中，苏轼以《春秋对义》获第一名。

后来，欧阳修在读苏轼的感谢信时，十分感慨地说："捧读苏轼的信，我全身喜极汗流，快活呀快活！此人是当今奇才，我应当回避，放他出人头地。请大家记住我的话：30年后没有人会再谈起我！"当时，欧阳修文名满天下，天下士子的进退之权也全操于欧阳修一人之手，欧阳修这么一句话，苏轼之名顷刻间传遍全国。"出人头地"这一成语，也就是从这里来的。在历任了凤翔签判等几任地方官以后，苏轼在熙宁二年（1069年）又回到了开封，仍"入直史馆"供职。

这时，在宋神宗的支持下，王安石准备实施新法，在朝廷之上形成了新党和旧党两个派别。

旧党是反对变法的，其代表人物是司马光。司马光不仅是一位声望很高的元老名臣，还是一位大学者，重要的史学著作《资治通鉴》就是在他的主持下编写的。新党是坚决主张变法的，其首领是宰相王安石，王安石也是一位学者、诗人。由于当时王安石急需选拔支持新法的人，一些见风使舵的势利之徒趁机而上，骗取了王安石的信任，如谢景温、吕惠卿、舒亶、曾布、章惇等人都被提拔上来。王安石这种急不择人的做法，不仅使苏轼遭受了残酷的迫害，对他自己来说，既种下了导致变法失败的祸根，又使他个人遭受这帮小人的诟害。

对于这"两党"，苏轼在个人感情上并无偏爱。他同司马光的交往很深，关系很好；对王安石，他与之同出于欧阳修之门，也能推心置腹，无话不谈。因此，在这两派势力之间，苏轼决不会因为感情去偏向任何一方。即使苏轼对一方有着感情，他也不会因为私人感情而去掩盖自己的真实观点，说出违心之论。

陷入党争被贬杭州

在神宗的支持下，王安石要一改旧制，推行新法。但苏轼觉得王安石不论在具体的改革措施还是在荐举人才方面，都有许多不妥之处，所以他对王安石持激烈反对的态度。对于王安石废科举、兴学校的改革措施，尤为不满。他上书神宗说："选拔人才的方法，在于了解人才；而了解人才的方法，在于能考察人才的实际情况，看其言辞与行为是否统一。……希望陛下能够考虑长远的事情、大的事情，不要贪

图改变旧法，标新立异，乱加歌颂而不顾实际情况。"

神宗听了苏轼的话，觉得有一定的道理，便又召苏轼询问说："今天的政令得失在什么地方呢？即便是我的过失，也请你指出来。"

苏轼说："陛下是个天生的明白人，可以说是天纵文武，不怕遇事不理解，不怕不勤恳，不怕做事没有决断，怕的是想急于把国家治理好，办事太急，太容易听别人的话，提拔官员太快。希望陛下能采取安静沉稳的态度，等待人、事之来，然后再慎重处理。"

神宗觉得苏轼对当时情况的看法很有道理，就接受了他的建议，没有批准王安石废科举、设学馆等新法。

司马光知道了苏轼的态度以后，非常高兴，以为苏轼是他的同党，对苏轼大加称赞。不久当王安石大张旗鼓地推行经济方面的新法时，司马光着急了，他紧急搜罗帮手，想阻止王安石的新法。

司马光找到苏轼，未经试探，开门见山地对苏轼说："王安石敢自行其事，冒天下之大不韪，实在是胆大妄为，我们要联合起来，一起来讨伐他！"

苏轼笑笑说："我知道应该怎么做。"司马光以为苏轼要坚决反对王安石，十分高兴，紧接着追问说："那么，您打算怎么办呢？"

苏轼十分严肃地对司马光说："王安石改革时弊，欲行新法，也是为国为民着想，是为公不为私，从大局来看，有值得称道之处。但其新法，确有祸国殃民之害，我才加以反对。至于你那'祖宗之法不可变'的信条，比起王安石的新法，更是误国害民之根！"司马光听了勃然大怒，立刻拂袖而去。从此，司马光也恨上了苏轼。

苏轼知无不言，言无不尽，抱着一颗为国为民也对皇帝负责的赤子之心，对王安石的新法进行了全面的批评，引起了朝野的震动。苏轼把这种改革，比作皇帝在黑夜中骑着快马驰走，群臣不是去为君主探明道路，而是在背后猛劲地打马，危险之至，并要求神宗解鞍下马，

第七章
旷达之忍

喂马蓄锐，天明再行。王安石的新党知道了这些，可谓恨得咬牙切齿。王安石还算是个君子，但他手下的那帮党徒一个个摩肩擦掌，准备整治苏轼。

一天，王安石派谢景温把苏轼请来，要与他面对面地做一次"深谈"。王安石怒责苏轼说："你站在司马光一边，指斥新法，是何居心！"

苏轼反问道："你这话从何说起？"

王安石说："仁宗在时，你主张改革时弊，反对因循守旧，是何等坚决。现在我行新法，你为什么要伙同司马光来反对我？"

苏轼怒道："你口口声声说我同司马光站在一起，可知我也反对司马光的泥古不化？你不审时度势，反倒急功近利，然推行新法，必遭天下人之拒。"就这样，两人的谈话破裂了。

不久，王安石新党中的重要成员谢景温上书诬告苏轼，说他利用官船贩运私盐。后虽经查无此事，但苏轼已厌恶了朝廷的党争，想到外地去任地方官。这时，新党正想排斥异己就把他贬到了杭州，任杭州通判。

乌台诗案险丧命

苏轼在杭州、徐州辗转数年，兴水利，救水灾，为民做了许多好事。元丰二年（1079年），苏轼又从徐州迁至湖州。这时，朝廷里的斗争也很激烈。王安石的新党内部钩心斗角，相互倾轧。熙宁八年二月，王安石被神宗复用，任他为宰相，吕惠卿多年的蓄谋化为泡影。为了当宰相，吕惠卿竟把他和王安石的私人信件交给了神宗。在王安石写给吕惠卿的信件中，有的用了"无使上知"的字样，神宗一见，觉得王安石在搞阴谋诡计，就罢了他的宰相职务，命其永远不得返朝。

这样一来，过去曾经支持过王安石变法的"新进勇锐"之人吕惠卿、李定、舒亶等人就独霸了朝权。

苏轼到达湖州，按惯例要写谢表，他想起朝廷上发生的这些事，不禁气愤，他在表中不由地写道："知其愚不适时，难以追陪新进；察其老不生事，或能牧养小民。"李定接到这份谢表一看，不由大喜，觉得陷害苏轼的时机到来了，立即串连了舒亶等人，准备"劾奏"苏轼。但是，苏轼文名布于天下，朝廷上也有一些元老重臣保护，更兼皇后对他很有好感，要想参倒苏轼也不是很容易的事。但李定、舒亶等人唯恐苏轼东山再起，将来难以处治，必欲置苏轼于死地而后快。

第二天早上，李定把谢表交给了神宗，首先弹劾道："苏轼说'知其愚不适时，难以追陪新进'，既是反对新法，也是对皇上不满；说'察其老不生事，或能牧养小民'，是发泄自己对职位的不满情绪，实是未将皇上放在眼里。"李定还说苏轼有四条"可废之罪"：一是"怙终不悔，其恶已著"；二是"傲悖之语，日闻中外"；三是"言伪而辩，行伪而坚"；四是皇上"修明政事，怨己不用"。

神宗看了苏轼的谢表，果然脸色不虞，再加李定煽风点火，果然有些怒气了，舒亶见火候已到，便趁机举出"确凿证据"，说苏轼存心险恶。舒亶说："苏轼反对新法，证据确凿，对每一种法令，他几乎都作诗诽谤。他包藏祸心，怨恨皇上，无人臣之节，确属事实。陛下发钱已业民，苏轼就说'赢得儿童语音好，一年强半在城中'；陛下行考核官吏的新法，他就说'读书万卷不读律，致君尧舜终无术'；陛下严禁私盐，他就说'岂是闻韶解忘味，尔来三月食无盐'。望陛下明察。"

舒亶的这一招的确恶毒，苏轼的这些涉及新法的诗并无攻击讪谤之意，无非是描述了行新法后产生的一些现象，但在舒亶的嘴里，都成了恶毒的攻击，在此情此景之下，谁又能说得清楚呢？果然，在犹

第七章 旷达之忍

豫了一阵之后，神宗还是下令把苏轼拿问。

苏轼在湖州任上被捕，押出湖州途中，百姓夹道相送，失声痛哭，足见苏轼之得民心。押到开封以后，投于乌台狱，这就是中国历史上著名的文字狱——"乌台诗案"。

这时，朝廷内部又发生了一些微妙的变化，曹太后在弥留之际，要神宗千万别冤屈了苏轼；神宗虽然年轻气盛，但也并未想杀苏轼，只是李定一伙人极力诬害，企图置之于死地。第二天上朝，李定竟把苏轼的诗交给神宗，并说苏轼又在狱中大发怨怒，神宗看完诗，觉得莫名其妙，就问李定诗上写的什么，李定一惊，才想起自己害人心切，竟未看诗稿。这么一来，形势急转直下，以前帮助李定的人见神宗态度已变，都见风使舵，替苏轼说情。就这样，在审无证据的情况下，苏轼被释放出狱。

元丰三年（1080年）二月，苏轼被贬为黄州团练副使，在这里，他写下了千古不朽的名篇《前赤壁赋》和《后赤壁赋》，躬耕东坡，留下了许多佳话。

不合时宜远谪蛮荒

元丰八年（1085年），38岁的宋神宗病逝，年仅10岁的哲宗即位，由高太后摄权听政。

高太后一贯反对王安石的新法，掌权后，她免去了王圭的宰相职位，重新任命司马光为宰相，因反对新法而遭贬斥的人物也陆续复用。在高太后的支持下，苏轼在一年之内连升了三次官。

司马光任宰相以后，当然要废除新法。但是苏轼在被贬的过程中亲眼看到了新法推行后的一些好处，觉得不应该全盘废掉新法，因此他反对司马光的主张。在政事堂会议上，他说："天下所以不能大治

的原因，失误在于用人不当，而不是法本身的错误。如今要全盘废除新法，实属大错！"

此言一出，不仅司马光大惊，整个政事堂的气氛都为之凝固了。司马光不解地问："你我过去一向反对新法，况又遭新党之害，为什么还要为新党新法说话呢？"

苏轼说："一切据实情而定，乃是为官为政之道，不应存党派门户之见，也不应有私人政见之争。过去王安石急行新法，确有不当，但如今尽废新法，万万不可！"

司马光一听，厉声说道："尽废新法，皆如旧制，本相已决，不必再议！"说完转身走出政事堂。

苏轼也很生气，回家后直骂："司马牛！司马牛！"吃完午饭后，他捧着肚子，问左右的人说："你们可知此中装了何物？"一女仆答道："都是文章。"苏轼摇头。又一女仆说："满腹都是机关。"苏轼更摇头。唯有爱妾王朝云笑笑说："学士老朝一肚皮不合时宜。"苏轼听后，长叹一声说："知我者，朝云也！"

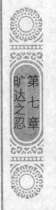

这样，苏轼又遭到了司马光的旧党的排斥，处境很艰难。他曾叹息说："如随众人，内愧本心，上负明主；不改其操，知无不言，由仇怨交攻，不死即废。"他接连上书，要求外任，高太后体谅他的心情，便让他以龙图阁学士的身份出知杭州。在苏轼出知杭州以后的一年多时间里，曾两次被召还朝，又两次改换任所，实在是疲于奔命。后来，苏轼被任命为兵部尚书，兼侍读，又改任礼部尚书，兼端明殿学士，其弟苏辙也被任命为宰相。

自哲宗10岁起，苏轼就是他的老师。哲宗此人刚愎自用，好大喜功，不喜忠诚老练之人，在一些政敌的攻击之下，哲宗逐渐疏远了苏轼。哲宗亲政以后，就尽废高太后在元祐年间所做的事，吕惠卿等奸佞之徒也陆续引进，新党全部还朝，苏轼当然在劫难逃。年近六旬的

苏轼被以"讥斥先朝"的罪名剥夺了职务,贬至广东,在途中又被贬为宁远军节度副使,惠州安置。

惠州生活的艰辛困苦是可想而知的,但苏轼以其豁达超脱的生命态度来感受这种生活,自己动手,全家人开荒种地,日子居然也过得有滋有味。在当地,他仍和在杭州、徐州等地一样,尽其所能地为百姓做事,在文化上也留下了许多美谈。

然而苏轼的厄运并没有结束。不久,他又被贬为琼州别驾,昌化军安置。琼州即现在的海南岛,在当时是一片蛮荒之地。对于62岁的苏轼来说,这是一次迫害性的流放。虽然苏轼做好了抛骨琼州的准备,但还是以坚韧超脱的态度活了下来。

元符三年(1100年),24岁的哲宗去世,宋徽宗赵佶即位,他想调和新旧两党的关系,于是苏轼在被贬琼州三年多以后被诏还朝。在还朝的途中,苏轼每到一处,都有大批的文人学者和无数的百姓夹道欢迎。不幸的是,苏轼病死于北归的途中。

苏轼果真是一肚皮的"不合时宜",新党当权反对新党,旧党当权他反对旧党;新党上台贬他,旧党上台也贬他。他的一生命运多舛,并非由于他命运不济或是不通世务,其根本原因在于他刚正直率,不屈己阿人、不媚俗附贵的正大人格,不愿意忍气吞声。

> 苏轼用"极高明而又中庸"的生活方式来对待自己周围的一切,达到了中国士大夫在人格修养上所能达到的最高境界——天地境界。而这种理论上的境界,在整个中国历史上是没有几个人能够达到的。这种人生境界的文化意义和对后世文化的影响是非常之大的,道出了人的生命价值和生命情态。

陶渊明隐于山林观于世

人的思想中有些不占主要地位的因素，在一定的历史时机下，也会一跃而成为影响人行动的决定性因素。

寄情山水乃是小忍，身在仕途，察黎民之疾苦亦是小忍。寄情山水落个清闲、察黎民之疾苦落个好名声。唯有跳出污浊的官场，隐于山林，又能察黎民之疾苦才是大忍。

壮志难酬辞官归隐

陶渊明一生热爱大自然的山山水水，好读书，不求其解，每有会意，欣然忘食。他的曾祖父是晋朝的开国元勋陶侃，曾官至大司马，不幸到陶渊明这一代家境衰落，父亲又早逝，不幸中的万幸是在相对宽松的环境里，陶渊明得到了自由发展的机会。

出仕做官本非渊明宿愿。他从青少年时代便向往一种如鸟儿一样欢快自由的生活，养成了直率的性格。但是另一方面，他从小就接受了儒家入世的教育，自己的曾祖又是名将，在那样一个重视门第观念的时代里，青年陶渊明也不能真正免俗，在社会交往上，常常被大户人家瞧不起，所以他"少年罕人事"，懒得同人家交往，经常逃到自己的爱好里，并且自负出身的高贵，自诩祖宗的荣耀，而对门阀世族表示傲视，以此获得心理平衡。他在 27 岁得子俨时写的《命子》诗里，把古代唐尧，历代名臣如陶步、陶舍、陶青等来做祖先，接着又把曾祖、祖父、父亲三世的功名地位一口气颂扬出来，对儿子进行教育，激励他要继承传统有所作为。这都表现出陶渊明的等级观念。

约在公元380年，晋太元五年时，《三礼》专家范宣开始在江州豫章（今江西南昌）提倡儒家六经学说，开创了当地经学研究的风气。当时名士谯国、戴逵等都很景仰他，不远千里投其门下，读书声令人想起孔子的家乡齐鲁，10年之后，豫章太守盛倡经学，设立学校教授当地大姓子弟，人数多达几百人。从此，"江州人士，并好经学"。可见，儒家学说在当地还是很发达的。另外，江州刺史王凝之于公元391年冬集中了中外僧徒88人，在庐山翻译佛经，而他又很笃信五斗米道教。可以说，陶渊明周围的思想氛围是错综复杂的。

青年陶渊明虽然"性本爱丘山"，不以俗事为扰，但在各种因素的促使下，他怎能不想到社会上一展鸿鹄之志呢？他之所以迟迟不肯出仕，除了个性的原因，实在是由于门第衰微，一下子找不到适合他意愿的职位。

然而，实际的生活问题迫使他行动起来。29岁时，他第一次出仕，做的是江州祭酒。刺史王凝之非常迷信道佛，他的官府常常是道士和尚禳灾咒鬼的地方。甚至后来在孙恩起义时，他非但不采取实际行动，反而躲在家里虔诚地祷告神佛派天兵天将来助阵杀敌。做这样人的属下，陶渊明建功立业的希望自然要破灭了。而且，祭酒的职位很低，要按上级的吩咐行事，陶渊明不堪忍受各种约束折磨，脑中不时萦绕着美丽恬静的田园生活。所以，不久陶渊明便辞官回家，闲居起来。

在这期间，东晋王朝风雨飘摇朝政腐败，奸臣横行，农民起义不断爆发。陶渊明本来就对做官不感兴趣，目睹朝纲的黑暗他再也无心为官，于是解仕归田，过起了隐居生活。

寄情田园创立诗派

仿佛历经风浪的颠簸后，航船驶进了平静的港湾；仿佛承受严冬霜雪的袭击后，大地迎来了明媚的春天；仿佛关在笼子里的鸟儿，终于返回了林木丛生的大自然。一种奔波之后的轻松感，一种拘禁之后的自由感，像清晨的阳光，像傍晚的月华，洋溢在陶渊明的胸怀里。公元406年，也就成了他后半生田园生活中最愉快的一年。他的个性、理想与现实生活达到了高度统一，这种新境界的成果，便是他最光辉的诗篇——《归园田居五首》。

这五首诗囊括了陶渊明田园生活的典型内容和典型心情：归耕之趣、交往淳朴、劳动实感、迁逝之悲、饮酒行为，他以后的诗歌创作，基本上是围着这五种主题展开的。这一组田园诗是陶渊明诗的代表之一，是他诗歌创作的第一个高潮，也是中国文学史上田园诗的开山之作，成为一种独具风格的题材天地，并逐渐成为诗歌的一种派别——田园诗派。

但是生活并不只有和谐与欢乐，这样的生活大约过了两年半，便被现实的风吹皱了。晋安帝义熙四年（408年）六月的一天，艳阳似火，烧烤着江南大地。陶渊明突然发现自家林边的草庐火光冲天，不一会儿便烧得片瓦不剩。所幸妻儿都在田里劳作，没有人身伤亡。但是刚刚有些起色的生活就这样毁掉了。陶渊明一家又面临着贫困的煎熬。可是，陶渊明并不因财产损失、困境艰难而牢骚叹息，却更坚定了走自己路的决心。

不久，陶家搬到了西庐居住，耕于西田，第二年重阳节，经过大半年的辛勤劳动，一家人又恢复了往日温馨的乡间生活，过了一个快乐的节日。陶渊明又喝上了自酿的浊酒。但是，敏感的他面对暮秋万物的变化，想起去世的母亲、妹妹，又悲从中来，写了《己酉岁九月九日》一诗，表达人生劳苦、人生有尽的悲情。

　　草庐失火之后，当地著名的隐士刘遗民知道了陶渊明的近况，就写诗给他，邀他一块在庐山隐居。刘遗民原名刘程之，字仲思，公元402年做过柴桑令，第二年，由于桓玄篡晋，便弃官归隐于庐山西林涧北。陶渊明在家居母丧期间（公元401-404年），可能与他结识，并有交往。直到陶渊明真正归田后，二人才交往起来。面对朋友的召唤，陶渊明写诗婉言拒绝了，诗即《和刘柴桑》，因为二人的隐居生活在性质上并不相同。刘遗民笃信佛教，索居禅房，不以妻儿为念，不食人间烟火；而陶渊明不赞成这种违背人性的隐居方式，他爱妻儿亲朋，爱富有人情味的生活，这从他两年后写的《祭从弟敬远文》和《悲从弟仲德》中都可以看出。所以他不愿离群独居在荒山野林里，而婉言谢绝了刘遗民的邀请，从中我们可以看出，陶渊明反抗现实的方式，不是刘遗民的绝对回避，而是以不得不归田来表示对统治者的失望和反抗，并且在田园中执著于人生，与苦难的人民呼吸与共、生死相依。

　　此间，他还同刘遗民及另一个佛教徒、知名的隐士周续之经常往来，有好事者就把他们并称为"浔阳三隐"。周、刘二人都尊庐山东林寺中声闻朝野的名僧慧远为师，陶渊明可能因此曾一度成为慧远的方外之交。但他并不信佛，也不想参加慧远主持的一些宗教活动，因为他崇尚的是随着大自然生生息息的变化而生活的自然人生观。早在公元402年7月，慧远发起白莲社时，在家守母丧的陶渊明因对佛教教义不感兴趣，也不愿受佛教礼法的束缚而没有入社，而周、刘都主动加入了白莲社。公元403年慧远与桓玄就沙门是否应敬王者展开辩论，涉及了人的形体和精神的关系问题。第二年，桓玄篡位，慧远作了《沙门不敬王者论》，又谈到形神关系。他认为人的形体死后而精

忍经

神不灭，宣所三世轮回，追求来世。到公元412年，慧远又立佛影台来证明人死神存，并写有《万佛影铭》，宣扬人的精神可以离开形影而独立存在，影响很大。周续之、刘遗民这样有文化的隐士也相信"形尽神不灭"。陶渊明对之深表不满。他进行了认真的思考，并把思考的结果写成了《形影神三首》组诗。在诗的序言里，他说："人无论尊卑贵贱贤愚，都很爱惜自己的生命并为此奔波忙碌。这其实是很糊涂的。所以我要详述形和影的苦恼，并由神来加以辨析宽解。希望喜欢探讨这个问题的人，都了解自然之理。"

陶渊明对人生有限提出了三种解决方法：及时行乐，立善求名，听任自然。而他向往的是听任自然这种旷达的人生态度，但这只是一种理想。三种人生态度各有利弊，还会在一个人身上共存，陶渊明也不例外。《形影神》组诗对人生的思索，标志着陶渊明哲学观、人生观的成熟，从此他为自己的归隐和固穷守节的田园生活找到了理论上的依据，更加坚定了自己选择的人生道路。

后来，东晋大司马刘裕夺权建立了宋朝，陶渊明的好友周淡之两次应招入京，他的忘年交颜延之也受到了刘裕的重视。陶渊明用深邃的目光审视封建帝王统治下的现实社会，看到世风日下，人们只知追名逐利，为了权势不惜采取任何卑劣的手段，不论是普通百姓，还是权臣国君，莫不如此，更不用说朋友的反目成仇。对社会彻底失望的他，再次把目光投向古代那些固穷守节的隐士。有发誓不食周粟，归隐首阳山，采野菜为食的伯夷、叔齐；有穿破衣、戴破帽，经常挨饿却面有喜色的子思；有坚持义节，不受封而归隐于徐无山的田子泰。陶渊明又想到人生苦短，生命虽然像皎皎的云间明月，像鲜艳夺目的花儿，但终究会变得黯淡无光。世人追逐的名利到头来也是一场空，于是他决心在这样一个改朝换代的乱世，不做趋炎附势、闻风变节的假隐士，而要像傲霜挺拔的青松一样，固穷守节，至死不悔。

笃于友谊志操脱俗

陶渊明本来就笃于友谊，晚年的陶渊明更加珍惜这生命之花。自从江州刺史王弘与陶渊明一见如故，州里如果来了哪位风雅客人，王弘总忘不了请陶渊明到场作陪。一则是因为这时陶渊明已是地方名流，二则是王弘趁机请朋友吃酒，公私兼顾。就在陶渊明写《桃花源记》的那年秋天，西阳（今湖北黄州）太守瘐登之被征还都，豫章（今江西南昌）太守谢瞻也将到郡里赴职。王弘在江州为他们饯行，送行的酒席设在江州城东湓口（今九江市湓浦）的南楼上。瘐、谢二人都是一代名士，王弘便请陶渊明来作陪。宾主四人在南楼坐下来互话离别之情，并饮酒赋诗，成为文学史上的一段佳话。

由于同王弘的往来，陶渊明又结识了王弘的部下庞参军。除了同乡庞遵外，又多了一位姓庞的朋友。庞参军也是一位高雅之趣的诗人，他像颜延之一样，推崇陶渊明的为人，便主动同陶明结为邻居。他们经常互访，一起读书、饮酒、切磋诗艺、赏析诗文、创作新诗，结下了深厚的友谊，以至于一日不见，如隔三秋。两人间这种纯洁的友谊一直持续了近两年。

公元423年春天，庞参军奉命出使京都建康（今南京），临行，来向老朋友陶隐士告别，并送上自己写的一首赠别诗。陶渊明为朋友的真情深深地感动了，他设酒为庞参军饯行。本来由于年事已高，又患病多年，身体羸弱，陶渊明好久不写诗了。可这一次他无论如何控制不住自己的感情，于是写下一首五言诗，抒发离别之情。同上次在王弘座上送客不一样，这一次的离情更浓。因为这是知己之别呀！

友谊是陶渊明晚年最温暖的阳光。在这美丽的阳光里，他忘掉了人生的艰难，命运仿佛有意回报这位节操高洁的老人。庞参军走后不久，他的老朋友颜延之又来了。颜延之由于性格偏激耿介，在朝廷里得罪了权贵，被贬往始安郡做太守。他在往始安郡的路上，经过浔阳小住，便天天跑到老朋友陶渊明那儿饮酒。酒逢知己千杯少，酒喝得多，话也说得多。他送给陶渊明二万钱，陶渊明知道老朋友的心意，便没有推辞。延之走后，陶渊明便把这些钱一分不留地送到酒店去，当作了预支的酒钱。从此，陶渊明便经常到酒店里去沽酒，在一次次酣饮中品味友谊、品味人生。

由于饮酒过多，加以年老体弱，陶渊明不时旧病复发。虽经医治，时好时坏，由于治病，家里花费很多，本来就贫困的陶渊明更是一文莫名了。公元416年夏天，陶渊明62岁的时候，江州大旱，又遭了蝗灾。陶渊明一家的陈粮吃完了，新粮还没成熟，家里几乎断了炊。临近年关时，陶渊明家里又几近断炊，他已经十多天没好好吃一顿饱饭了，感到又饥又乏。这时，新任江州刺史檀道济来拜望陶渊明。檀氏这次来访并非尊贤之举，实在是为了借陶隐士的声名来抬高自己。他见陶渊明生活苦成这样，便打着官腔说："贤能的人活在世上，如果天下无道，那么他才隐居，如果有道，他就会出来做官。现在您生活在文明盛世，政治清明，为什么自找苦吃呢？"陶渊明听了，冷冷地回答说："我哪里奢望做什么圣贤呢，我根本达不到圣贤那样的道德和才能。"檀道济碰了软钉子，又假惺惺地赠给陶渊明粮食和肉类，陶渊明坚决拒收，檀道济只好无趣地走了。

第二年，宋文帝元嘉四年（427年）秋天，陶渊明63岁。年老久病的老诗人渐觉大限将至，于是最后一次拿起笔，写下了《自祭文》和《挽歌诗》。在《自祭文》中，陶渊明回忆了自己充满艰难，但又顺任自然无愧无悔的一生，他写到："捽兀穷庐，酣饮赋诗，识运知命，畴能罔眷？余今斯化，可以无恨。"在《挽歌诗》中表示对自己生死的彻悟："千秋万岁后，谁知荣与辱。但恨在世时，饮酒不得

第七章
旷达之忍

足"，"亲戚或余悲，他人亦已歌。死去何所道，讬体同山阿。"《自祭文》和《挽歌诗》，是这位中国文学史上最朴素最真诚的诗人的自我祭奠，也是他用清澈渊深的生命为后人留下的最后一笔珍贵的精神财富。

两个月后，大诗人陶渊明永远告别了人生旅途，与他服膺了一生的大自然融为一体了。在当时文人眼里，比陶渊明名气大得多，堪称文坛领袖的颜延之一听说老朋友去世，日夜兼程，风餐露宿来为陶渊明送行。按照当时的习俗，德高望重的人死了，应该加个谥号，一则为了褒扬死者，二则为了教育世人。颜延之等亲朋好友一致认为陶渊明一生心胸宽广旷达，得以善终，又廉洁克己，志操脱俗，应该加一个谥号。于是颜延之征询了陶渊明亲朋的意见，依据有关谥号的典书古礼，将"靖节征士"的谥号敬奉给了这位名扬域内的大隐士。

千百年来，陶渊明之隐无人能比。又有多少人对此提出过异议，认为，既然是名满天下的大隐士却又在笔下鞭挞政治的黑暗，就不应该消极避世，就应该站出来，做一个现实主义诗人。如果抛开这个观点，不去探究陶渊明的该隐与不该隐，单就其做人来说，足以敬示后人了，他让人知道了什么是骨气，什么是节操。

第八章　残忍之忍

残忍之忍为忍中之忍，为达到某种目的没有骨肉亲情，不管恩仇是非，为了目的只顾不择手段而无所不用其极，这种忍只为自己，不顾别人，只为成功，不顾在成功路上付出多少血的代价。

吕雉刚毅残忍压服群臣

能取得刘邦手下元老众臣的支持，说明吕雉能谋；身为正宫，刘邦与戚姬打得火热，说明她能忍；刘邦死后，她让刘氏子侄一个个含冤上路说明她狠。或许在传统男人社会里，女人只有这样才能成功！

妙计稳固太子之位

吕雉与刘邦本是结发夫妻，又是患难夫妻。刘邦做了皇帝之后，吕雉即为皇后，立吕雉生的儿子刘盈为太子。但吕雉和太子的地位都面临着严峻的挑战。原来，在楚、汉相争之时，刘邦曾在彭城被项羽打败，只身落荒而逃，逃到一处人家。这家主人听说他是汉王，就把女儿许配给他，这就是戚夫人。后来刘邦打败了项羽，就把戚夫人接来，逐渐疏远了吕后，专宠于戚夫人。

戚姬年纪既轻又长得十分漂亮，善于舞蹈又会体贴奉迎，以至刘邦溺爱成癖。戚姬既得专宠，为了自己的未来，便五次三番地乞求刘邦立她生的儿子如意为太子。太子刘盈生性软弱，刘邦素来不喜，而如意却聪慧刚毅，刘邦觉得很像自己，十分爱惜。刘邦也想趁早废了刘盈，立如意为太子。吕后早已察觉到这一点，日夜心惊胆战，但刘邦全部身心都在戚姬身上，自己无由接近，只能空白焦急。正巧如意

第八章　残忍之忍

已满十岁，按惯例应当改封，如意也应当到封地去。戚姬听到这一消息，大惊失措，因为如意一旦到了封地，就很难见到皇上，更不用说朝夕侍候在皇上身边了，这样就会疏远感情，再也无法讨得皇上的欢心了。

戚姬见到刘邦，跪在地上痛哭不已。刘邦窥破了戚姬的心意，说："你莫非是为了如意改封就国的事吗？我本想立如意为太子，只是废长立幼，废嫡立庶，总觉得名不正、言不顺，等等再说罢。"戚姬更加哭泣哀求，刘邦不禁动摇，最后决定第二天跟群臣商量改立太子的事。只是由于大臣的反对，才未成议。

但吕雉知道，刘邦还会重新提出废立太子的事。她自己想不出保全太子的办法，便拉拢张良，让张良替她出谋划策。张良说："如果让一些贤能而又卓有名望的人辅佐太子，皇上就会觉得太子既贤明又得人心，即使要废，也要慎重考虑。如果这样，或许能保全太子。"吕后连忙又问哪里有这样的人，张良说："听说陕西的商山一带有四位年老的隐士，称为'商山四皓'，皇上曾多次聘请征召，都被拒绝了。如果能请得他们前来，或许有用。"于是，吕雉就派人千方百计地请来了"商山四皓"。

刘邦在平定了英布等人的叛乱以后，鞍马劳顿，再加征战中所受的箭伤复发，病势沉重。戚姬日夜在旁侍候，暗想万一高祖驾崩，自己母子绝无生路，便婉转哀求刘邦设法保全其母子的生命。刘邦想来想去，并无其他方法，只有重提废立太子一事。

不久，刘邦特召太子宴饮，实际上想考察虚实。"商山四皓"听说了，也跟太子一起进宫，刘邦见太子身后坐着四位须眉似雪的老者，十分惊异地问是什么人。四位老者一一自叙姓名。刘邦非常惊愕地说："我访聘你们已有好几年，你们总是不来，现在难道是跟我的儿子交游吗？""四皓"齐声回答说："陛下轻贱士人，随便辱骂，我们忍受不了污辱，才不来见您。现在听说太子仁厚爱士，天下士人都伸长了脖子盼望太子，愿为太子效死。我们几个人特意远道而来，是想敬奉辅佐太子。"刘邦听了，叹息不已。

等太子和"四皓"离开时，刘邦急忙把戚姬叫来，指点着"四皓"的背影说："不是我不愿立如意为太子，实在是太子羽翼已成，已不能废弃了。"戚姬听后，知道再无希望，当即悲凄欲绝。

诛杀功臣树立权威

汉朝初年，天下始定，但人心仍未统一，特别是某些重兵在握的将领，总想窥伺时机，以图天下，因此，刘邦格外小心。他在出征叛将陈豨的时候，宫廷之内委于吕雉，宫廷之外委于萧何，他才放心离去。吕雉实在是个有心人，她决不会放过任何一个树立权威、培植势力的机会，这样才能便于日后独揽大权。

刘邦怀疑韩信谋反，把他降封留在长安。恰在这时，韩信的舍人栾说派他的弟弟前来送信，报称韩信与陈豨通谋，以前已有密约，这次约定乘夜间不备，打开囚牢，放出囚犯，袭击皇太子，与陈豨遥相呼应。吕雉得书后忙与萧何商量，商定诛除韩信的密谋。吕雉派遣一心腹军士，潜出长安，绕到北方，再复入长安，谎称是刘邦派来，报告已平定陈豨叛乱的消息。群臣不知有诈，都来朝中称贺。吕雉的本意是将韩信诳到宫中，但韩信称病未来拜贺，萧何就被迫走一趟。他来到韩信的家里，韩信只得出见。萧何说韩信的病无关紧要，韩信无奈，只得跟着萧何来到朝廷之上，尚未拜贺，即被拿下。韩信知道不好，急呼萧何，望他救助，谁知萧何早已躲开。

武士把韩信带到吕雉面前，吕雉拿出栾说送来的书信作为谋反的"证据"，韩信当然不服，吕雉说："现奉皇上诏命，陈豨已就擒，供出由你主使，你的舍人也有书信来告，证据确凿。"韩信还想申辩，吕雉怕夜长梦多，立命推出斩首。

吕雉杀了韩信，还嫌不够，又借故杀了梁王彭越。刘邦讨伐陈稀的时候，曾到梁地征兵，当时恰值梁王彭越生病，未能前去，刘邦大怒，怀疑彭越谋反。这时恰好梁太仆报称彭越谋反。刘邦就把他抓了起来。经过调查审讯，弄清了彭越虽镇压叛乱不积极，却未有谋反的事实，就把他贬为庶人，押在洛阳宫中。后又把他迁至蜀地居住。彭越西行至郑，正碰上从长安到洛阳的吕雉，彭越竟自投杀星，向吕雉哭诉自己无罪，并请居故地昌邑。吕雉满口答应替他说情，把他带至洛阳，暗中教人诬告彭越谋反，将彭越杀于洛阳城外，并把他的三族一起抓来，斩草除根。

吕雉杀了这两位王侯功臣，确实震惊了朝中大臣，令人刮目相看，也拉拢了部分势力。也许，她杀死这些开国大将，还有一个远期目的，那就是为她将来独掌大权扫清道路。但同时也暴露了她的政治野心。刘邦早看出了这一点，为了在自己死后刘氏政权不至灭亡，他与大臣们一起杀了白马，歃血盟誓说："如果不是刘氏宗族而被封为王，天下人一起来讨伐他！"

临朝称制权比女皇

刘邦死后，刘盈即位，是为惠帝，吕雉操纵了大权。她不仅加紧排斥刘氏势力，更是首先把以往恨之入骨的眼中钉戚姬打入冷宫。吕雉令人剃光了戚姬满头乌发，又用铁箍子束住他的头颈，再扒下她的宫装，换上赭红色的粗布村装，赶入永巷内圈禁起来，让她整天舂米劳作。同时，吕雉让人毒杀了赵隐王如意。

吕雉既杀死了戚姬的儿子，就更加惨无人道地迫害戚姬。先把她的手指脚趾斩掉，再割去乳房，又剜掉双眼，并熏聋耳朵，饮以哑药，然后放进厕所。吕雉给戚姬取了个名字叫"人彘"。过了几天，吕雉竟叫惠帝前来观看，惠帝问那是什么，有人告诉他那就是戚姬。第二天，戚姬就死了。

惠帝见到戚姬的遭遇后，回到宫中大哭不已，生病一年，不能起床。后来托人传话给吕雉说："把戚姬治成那个样子，不是人能干出的事。我作为您的儿子，到底还是不能治理天下。"从此，汉惠帝纵酒淫乐，不理朝政，消极颓废，于公元前188年忧郁而死。

吕雉只有刘盈一个亲生儿子，就找了一个宫女生的名叫刘恭的男孩即位，同时杀掉了他的生母。至此，吕雉临朝称制，打破了刘邦非刘氏宗族不可称王的规定，大封诸吕。刘氏政权在某种程度上改成为吕氏政权了。

刘恭年龄渐大，知道自己不是吕雉的亲生儿子，有一次狠狠地说："太后怎能杀死我母而将我立为皇帝呢？我长大以后，一定要报仇。"吕雉听说后，立即把他幽禁起来，不久后即废掉杀死，然后又立恒山王刘弘为傀儡皇帝。

公元前180年7月，吕雉病重，她知道群臣不服，她死后必生大乱，便提前对诸吕作了军事安排，并告诫他们说："我死之后，大臣恐变，千万不要出宫为我送葬，以免为别人控制，要紧握兵权，守住皇宫。"是月吕雉病死，汉初开国功臣周勃及丞相陈平联合其他将领，利用诸吕的犹豫慌乱，蒯除了他们，将其诛杀殆尽，迎立代王刘恒为汉文帝。吕雉苦心经营的吕氏政权彻底破产了。

吕雉虽无皇帝之名，却有皇帝之实。在封建宫廷斗争中，权欲与人性时时交锋，往往是权欲胜，人性败。当我们捡起失败者的头颅审视的时候，也许可以发现一点点的人性；当我们仰视胜利者的微笑的时候，我们看到的往往只有权欲！

吕雉从布衣荆钗而至手握天下权柄，在中国历史上独此一个，绝无第二。纵观她的一生，可以说机遇占一半，个人的努力也占了一半。前一半是她作为刘邦之妻，贵为皇后，有着别人无可比拟的优势；后一半则靠她自己处处着意，时时留心的长期努力和刚毅残忍的手腕。同是皇帝的妻子，戚姬比吕雉占有更多的优势，但戚姬不会利用，只是一味地哀求刘邦，终于失败。而吕雉则内外兼攻，刚柔并施，终于夺取了权利，压服了群臣。

武则天残忍夺帝位

武则天以外貌笼络住了两代君王，以铁血手段走上了封建统治最高层。在传统男人社会里，武则天是第一女人。为了这个第一，女儿、儿子、姐姐以及其他几位亲人都命丧其手，可以说武则天是当之无愧的集谋略、残忍于一身的"第一女人"。

魅惑两代皇帝

武则天是中国历史上唯一的女皇。在无数杰出的古代女性当中，在数不清的争权称制的帝妃皇后当中，能得到一个"唯一"的，就已很了不起，而武则天却在许多方面都"创下了历史纪录"。

武则天，生于唐朝武德七年（624 年），山西文水人。其父出身于木材商人，官拜正三品工部尚书都督。武则天就生长在这样的家庭里，既有着封建贵胄社会的荣华富贵，又有着寒门微族的"历史出身"。封建贵胄社会的生活刺激了她的权势欲，寒门微族的出身又使她无法实现攫取权势的欲望。武则天自小就在这种矛盾的心理状态下长大，逐渐养成了她那种仇视名门士族、不择手段地攫取权力的性格特征。

唐贞观十一年，太宗李世民听说武则天长得端庄漂亮，就把她召入宫中。入宫之时武则天年仅14岁，一般说来，这种年龄的女子都不愿离开父亲，况且一入深宫，如同生离死别。而小小年纪的武则天却把这看成是一个进身的机会，并且可以摆脱兄长们的管束和压抑。当时她的母亲"恸泣与诀"，武则天反倒觉得大可不必，而是笑着劝慰母亲说："我去见天子，怎么能知道不是福缘呢？为什么要哭哭啼啼，做儿女之悲？"

武则天为人聪慧，性格刚毅果断几近残忍。据宋代罗大经的《鹤林玉露》记载，吐蕃国进贡给太宗一匹极其名贵的马，叫作"狮子骢"，十分猛烈强悍，难以驯服。太宗亲自去控驭，也无法制伏。当时，武则天侍立一边，大声说："只有我能制它！"太宗忙问她有什么办法，武则天回答说："我有三样东西可以制伏它。先用铁鞭狠劲地抽它；如果不服，就用铁棍狠狠地打它；如果还不服，就用匕首刺入它的咽喉。"一个小小的宫女竟有如此的胆略和气魄，太宗不禁大为惊异。

然而最初的12年里，武则天只能在深宫空耗年华，无法取得太宗的宠幸。不久，太宗病重，武则天见太子李治经常出入宫廷探视，就灵机一动，希望把自己的终身托付给比自己小四岁的太子。于是，她就想方设法地接近太子，并取得他的好感。太子李治生性懦弱，遇事没有主张，乍遇武则天这么一个美丽端庄、通达事理而又善于理事的年轻女子，不禁倾心。

太宗自知不起，担心西汉吕雉专权的局面再度出现，便决定把武则天赐死。一天，太子李治和武则天一起在床前服侍太宗，太宗对武则天说："我自从得了痢疾以来，医药无效，反而越来越重。你多年服侍我，我不忍心把你扔下，我死以后，你打算怎么办呢？"聪明的武则天一听及明白了太宗的意思，即刻吓出了一身冷汗，但她生性果断，很快就镇静下来，对太宗说："我蒙皇上的恩宠，本该以死来报答皇上的大恩大德。但您的身体未必不能痊愈，所以我也不敢马上就去死。情愿削去头发，披上黑衣，吃斋拜佛，为圣上祈祷，聊以报答圣上的恩德。"

太宗想了一想说："好吧，你既有这个想法，马上就出宫去吧，也免得我替你操心！"武则天如同得了大赦令一般，急忙收拾行装，准备出家为尼。

不久太宗驾崩，李治继位，是为唐高宗。武则天就和一些没有生育过子女的宫女被送进感业寺。一年后，高宗借进香为名见到了武则天，此事被高宗的王皇后知道了。当时高宗正宠爱萧淑妃，王皇后就鼓动高宗把武则天接回宫中，目的是为了分萧淑妃的宠。有皇后的主动支持，高宗这才把武则天接回宫中。

谋杀亲女赢得宫斗

武则天在进宫之初，非常清楚自己的境地，就采取了卑躬屈膝的态度事奉王皇后。王皇后十分喜欢她，曾多次在高宗面前说她的好话。但不久，高宗就专宠武则天，把她封为昭仪，皇后与萧妃同时失宠，两人就又联合起来对付武则天。

王皇后是有强大的门阀士族势力支持的，武则天知道，要想达到自己的目的，靠正常的手段是不行的。她的性格是遇强则怒，迎难而上，于是大肆结揽人心，凡是王皇后和萧淑妃不喜欢的人，她都倾力接纳，把自己得到的赏赐全都分给他们，因此，皇后和淑妃的动静她

全都知道，每每把这些事情告诉给高宗。然而，只靠这些还远远不够，武则天在等待机会，寻找时机。

公元654年春，武则天生下一个女儿，极其灵秀可爱。王皇后听说，也前去探视抚抱。王皇后刚走，武则天就闻报高宗要来，她浑身一震，觉得千载难逢的好时机到了。于是，她把手伸进被窝，狠狠地掐住女儿的脖子，直到掐死，然后再把被子盖上，若无其事地出去迎接高宗。

等高宗进来，武则天承笑如前，毫无慌乱之举，待高宗打开被子想看女儿时，却发现女儿已经死了。武则天故作吃惊，大声悲号。高宗忙问左右的侍女，都说王皇后刚刚来过，高宗愤怒地说："皇后杀了我的女儿。"武则天又乘机历数王皇后的罪过，王皇后是有口难辩了。自此，高宗就下决心废掉王皇后，立武则天为皇后。

武则天早在掐死女儿之前，就已设法让王皇后的坚决支持者柳奭被迫辞职，现在剩下的关键人物是太尉长孙无忌。武则天请母亲去说情，并和高宗一起亲自去看望，封官许愿，软缠硬磨，一概无效。武则天终于明白，她是无法取得关陇贵族集团的支持的。于是，她到一群不得志的寒门庶族出身的官吏那里去寻找支持者，如中书舍人李义府、王德俭，御史大夫崔义玄，御史中丞袁公瑜以及许敬宗等人。武则天在朝廷中得到了这批人的支持，她就软的不行，来硬的了。

李义府首发其难，率先上表请求废王皇后而立武则天。永徽六年（655年）八月，唐高宗正式提出废立皇后事宜，长孙无忌一派当然是"濒死固争"，褚遂良等人也来谏劝。在当时的宰相中，有李勣没有参与抢立太子李忠之事。他不冷不热地说："这是陛下自己家里的私事，何必要顺外人呢？"9月，贬褚遂良出朝。10月，下诏废王皇后为庶人，立武则天为皇后。11月，李勣主持册后典礼。第二年，太子李忠被贬为梁王，立武则天之子李弘为太子。

武则天当皇后的目的达到了，她的第二步计划是攫取权力。武则

第八章
残忍之忍

天当皇后以后，当务之急是把原皇后一党彻底整垮。把王皇后、萧淑妃禁死于冷宫，把褚遂良贬死在爱州，逼令长孙无忌自杀，又杀柳奭于象州，韩瑗被逼死在振州，这些人的主要亲属也都被杀或遭贬谪。至公元659年，长孙无忌的权力集团被彻底摧垮，"自是政归中宫矣"。

手握皇权平定叛乱

高宗不仅懦弱寡断，而且身体不好，经常头晕目眩，不能理事，政事都交给武则天处理。武则天专权日久，渐渐作威作福起来，而高宗的权力受到了极大的限制，也常常觉得很愤怒。在这种情况下，他授意宰相上官仪起草诏书，要把武则天废为庶人。武则天安插在上官仪身边的暗探跑去告诉武则天。武则天当即跑到高宗那里，居然说服了高宗，使高宗觉得武则天之行为情有可原。高宗心一软，就说自己本无此意，是宰相上官仪先提出来的。于是武则天就使人诬告上官仪与过去的太子李忠一起谋反，上官仪、上官庭芝父子被处死，上官仪的妻子及孙女上官婉儿没入宫廷为奴。李忠被赐死黔州。

从此以后，高宗更加依靠武则天，每当上朝，武则天总是垂帘听政，黜陟、生杀之权皆归中宫，天子唐高宗只做了武则天的应声虫而已。

咸亨五年（674年）八月，"皇帝称天皇，皇后称天后"。至此，长达十几年的权位之争以武则天的完全胜利而告终结。

高宗疾病缠身，随着年龄的增长，病势越来越重。他曾经想把皇位传给太子李弘。太子李弘"仁孝谦谨，上甚爱之"，又加上"礼接士大夫，中外属心"，颇有政治才能，因此，高宗对他甚为看重。但武则天却不喜欢他。有一次，李弘发现宫中幽闭着萧淑妃生的两位年逾三十的姐姐，就奏请让她们出嫁。还有几次也违忤了武则天的心意，使之失宠于母亲。其实，这是次要的，关键是李弘势必与武则天争权。于是武则天用毒酒药死了亲生儿子李弘，李弘死时七窍流血，很像他的肺疾发作。

李弘死后，立武则天的次子李贤为太子。经李弘之死的打击，高宗病势更加深重，头晕目眩不能视事，就想让位于太子。但武则天坚决反对，高宗只得打算让位于皇后。过了几年，高宗还是想让李贤监国，而李贤并不愿听武则天的话。于是，武则天就又以李贤"颇好声色"为由，把他废为庶人，押至京师幽禁起来，继而立三子李显为太子。

公元 683 年唐高宗病死，太子李显即位，是为唐中宗。高宗临终遗诏说："军国大事有不决者，兼取天后进止。"武则天以皇太后的身份临朝称制。一次，中宗想让岳父韦玄贞为宰相，并授给乳母的儿子一个五品官，宰相裴炎觉得不妥，跟中宗争执起来。中宗年轻气盛，发怒说："我就是把天下交给韦玄贞，又怕什么？"斐炎感到很害怕，就跑去告诉了武则天。为了防患于未然，武则天下诏"废中宗为庐陵王，扶下殿"，改由其四子豫王李旦为睿宗。但睿宗住在另一个地方，不得参与政事。同时，武则天又派人逼死了废太子李贤。武则天清除了一切阻碍势力，准备好了登基称帝的工作。

李唐宗室知道武则天称帝必然要除尽李氏宗族，所以人人自危。在武则天临朝称制后的第七个月，扬州发生了徐敬业叛乱，朝中宰相斐炎也与之相勾结，可谓内忧外困。但武则天临危不乱，她先不失时机地斩除了裴炎、程务挺等人，又在不到五十天的时间里平定了徐敬业之乱。

登基为帝君临天下

垂拱四年（688 年），武则天的侄子武承嗣派人在一块白石上凿上

"圣母临人，永昌帝业"的字样，谎称获之于洛水。武则天当即下诏把这块石头称之为"宝石图"，并准备亲临洛水拜受"宝石"。到了选定的日期，武则天"靠谢昊天，礼毕御明堂，朝群臣"，不久即正式加尊号曰"圣母神皇"。从这个时候起，武则天开始称"陛下"。

李唐宗室十分清楚，武则天已是实际上的皇帝了，出于自我保全之计纷纷起兵反对。然而，百姓不愿为一家一姓的名利再生内乱，李氏诸王的军队皆无斗志，武则天的兵马一到，不是坠城投降，就是纷纷逃走。在很短的时间内，叛乱就被武则天轻而易举地镇压下去了。

镇压了叛乱以后，武则天决心清除敌对势力。她把周兴、来俊臣、索元礼等酷吏提拔上来，让他们秘密观察李氏宗族中王公大臣的行迹，一有可乘之机立即加以逮捕，酷刑逼供诬其谋反。于是大臣被杀者数百家，李唐宗室被杀达数百人，刺史以下官吏被杀者更是不计其数。按武则天的想法，杀尽了李唐宗室，又使得朝野上下"人人自危，相见莫敢交言，道路以目"，确实是无人敢造反了。至此，武则天的第三步计划已完全实现。至于"皇帝"的名号，只是个手续问题。

公元 690 年 7 月，东魏国寺里的僧人写了几卷经书，说武则天乃是弥勒佛投胎转世，应该代替唐朝作"东方之主"。不久，侍御史傅游艺率领关中的百姓九百多人来到长安的宫门外，上表请求把大唐的国号改为周。武则天假装推辞，但升了傅游艺的官。不久，朝中百官及宗室、远近百姓，四方边远地区的酋长以及沙门、道士一共六万多人，组成了一支极其庞大的请愿队伍，重复傅游艺的请求。武则天见"民意不可违"，于是宣布改唐为周，立称号为"圣神皇帝"。中国历史上唯一的一位女皇，就此正式诞生了。

武则天称皇以后并不是万事顺利的。她虽与群臣在表面上维持着良好的君臣关系，但当年的滥杀所造成的阴影始终无法彻底驱除，因此，她的晚年是很孤独的。在这种心态下，她求助于自己的男宠。在这时候，武则天的女儿太平公主把年轻貌美又精通音律的张宗昌推荐给了母亲。不久，张宗昌又把哥哥张易之拉了进来。他们两人的权势越来越大，以至连武三思、武承嗣这样权贵也都争相趋奉他们。

张氏兄弟得势以后经常胡作非为，引起了朝廷官员的愤怒。一些大臣多次收集张氏兄弟的犯罪证据，想将其绳之以法，但都被武则天赦免。官员们看到用法律制裁不了二张，就准备用武力将其杀掉。政变的目的起初并非为了推翻武则天，仅是为了杀掉张氏兄弟。宰相张柬之等五位朝廷的重要人物联络羽林军将领以及太子李显、相王李旦、太平公主等一大群势力，乘武则天卧病不起之机，攻占了玄武门，突入宫中，搜出张氏兄弟就地处死。

事情既已至此，就顺便把武则天请下皇位，迎立李显。政变的第二天，武则天下《命皇太子监国制》，第三天，武则天宣布传位太子，第四天中宗宣布复位，武周政权即告结束。

公元705年11月，82岁的武则天在洛阳上阳宫愤恨而死。死前遗嘱："去帝号，称则天大圣皇后。"第二年，李显不顾众人的强烈反对，为母亲举行了隆重的葬礼，护灵柩回长安，与唐高宗合葬乾陵。

武则天称帝15年，前后专政近50年。她能够成为皇帝，离不开残忍的政治手段。然而她想把李唐王朝变为武周王朝的企图是失败了。武则天没有把中国的男皇制改为女皇制，尽管她不服，尽管她采取了许多畸形的手段进行抗争，但最后也只有无奈地忍耐着。她所争取到的最大的荣誉是能与高宗合葬，这或许是一种象征，象征着她有着同皇帝平等的女皇的地位。但要想压倒男皇，那是无论如何也办不到的。

第九章　奸诈之忍

　　奸诈之忍也可称为小人之忍，但忍的高明，忍的到位，所以极易成功，但以这种手段取得的成功却不会长久。这也难怪，按中国传统儒家思想，奸诈之人本来就不会有好结果的。

郑庄公忍耐纵奸除祸患

"将欲取之，必先与之"，这是极高明的韬光养晦、欲擒故纵之计。但如果隐忍不发，暗设陷阱，沽名钓誉，实则是阴毒虚伪至极，其"忍"必然是虚伪之忍！

在中国历史上，似乎没有哪一个君王敢公然扯起反对仁义道德、崇尚虚伪奸诈的旗子，连被称为"奸雄"的曹操，也未敢贸然做皇帝，只是"挟天子以令诸侯"而已，他还是惧怕道德和正统舆论的力量。然而，统治者们却又不得不为了自己的利益经常干一些道德败坏、残忍无情的事，于是，虚伪就成了他们的法宝。他们既不择手段地达到了目的，又树立了无可非议的道德形象。大概最早能够成功地运用虚伪之术的是春秋时期的郑庄公。

纵弟叛乱陷之不义

郑庄公共兄弟俩，自己的名字叫寤生，弟弟的名字叫段。寤生出生的时候难产，母亲姜氏受惊，就不喜欢寤生。而段则长得一表人才，人也聪明，姜氏非常喜欢他。姜氏不断地在丈夫郑武公面前夸奖小儿子，希望将来把王位传给他。这样，寤生和母亲之间就有了隔阂。不过郑武公还算明白，没有同意姜氏的请求，最后还是把王位传给大儿子，寤生即位，就是郑庄公，并接替父亲的职位，在周朝当了卿士。

姜氏看见自己的小儿子没有当上国君，心里很不舒服，就去为段要封地。姜氏很有心计，要求庄公把"制"这座城封给段。庄公告诉姜氏，"制"是郑国最为险要的城池，有着极其重要的战略地位，虢国的国君就死在那里，况且父亲说过，"制"这个地方谁也不能封。姜氏见说不过庄公，就又请求把"京"这座城封给段，"京"在现在河南省的成皋县附近，对当时的郑国来说，也是一座比较重要的大城，在姜氏的一再督促下，庄公才把京城封给了他。

在段要离开都城前往封地的时候，先向母亲告别。姜氏对段说，庄公本不愿封他，只是在自己的一再要求下才把京城封给了他，虽然封了，但迟早会出事，一定要先操练好兵马，做好准备，有机会就来个里应外合。推翻庄公，让段继承王位。

段到了"京"城，称作"京城太叔"。段被封到京城，本来庄公的臣下就十分焦虑不安；而段到京城的所作所为，就更让那些人惶恐。首先，太叔段紧锣密鼓地招兵买马，扩充军队，严加训练，并经常行军打猎；其次是大修城墙，即扩大又加高加厚。一天，郑庄公最重要的大臣祭仲对郑庄公说："大城的城墙，不得超过国都城墙的三分之一；中等城镇的城墙，不得超过国都城墙的五分之一；小城镇的城墙，不得超过国都城墙的十分之一。这是祖宗留下来的规矩。可如今京城太叔扩大了他的城墙，远远超过了这一限制，那就很难控制了！这恐怕是国君不能忍受的。"郑庄公心里明白，可嘴上却说，太叔是为国家操练兵马，为国家建造防御工事，有什么不好？况且母亲要他这样做，自己就是想管也不好管呀！

虽然大臣们私下里都说庄公器量大，为人厚道，但又都暗暗地替庄公着急，他们就公推祭仲去劝说庄公。祭仲对庄公说，姜氏是贪得无厌的，不如早早地定下主意，替她找个地方，安排一下。不要再让太叔的势力继续发展了！如果继续发展下去，恐怕就很难收拾了。蔓延的野草都很难铲除，何况是国君的宠弟呢？

郑庄公终于吐露了心里的话，他对祭仲说："多行不义必自毙，子姑待之。"意思是说，不符合道义的事干多了必然会自取灭亡，您就安心地等着吧。这句话把郑庄公的性格暴露无遗。

过了不久，太叔段让西部边境和北部边境的城镇暗地里投靠自己，但表面上还是听从郑庄公的管辖。公子吕听到了这个消息就对郑庄公说："您对太叔打算怎么办呢？您如果打算把国家让给太叔，就请允许我去侍奉他，给他做臣子算了；如果不愿把国家让给太叔，那就赶快把他除掉，可不要让老百姓生出二心来啊！如果百姓归附了太叔，那可就难办了。"郑庄公却十分沉重地对公子吕说："您不用闲操这些心，太叔段是会自己给自己找麻烦的。"

又过了一段时间，太叔段干脆明目张胆地把西部和北部边境的城镇划归己有，其势力范围一直扩大到廪延这个地方。子封感到很惊慌，急忙跑去对庄公说："我们可以行动了！如果再任他吞并城镇和土地，那就会占有人口，更加扩大势力，可就难于对付了。"庄公仍是不动声色地说："做不义的事情，得不到人民的拥护；越是土广人多，就越是灭亡得快。"

太叔段终于修治好了城郭，聚集完了百姓，修整好了刀枪等战争用具，准备好了步兵和兵车。而在这个时候，郑庄公偏偏到周天子那里去办事，不在郑国的都城。姜氏认为这是绝好的机会，就写信告诉太叔她将偷偷地打开城门，作为内应，并约定好了日期。太叔接到了姜氏的信，一面写回信，一面对部下士兵说是奉命到都城去办事，发动了步兵和兵车。

其实，郑庄公一切都准备好了。他并非到洛阳周天子那里去办事，而是偷偷地绕了个弯儿带了两百辆兵车直捣京城来了。郑庄公还派公

子吕埋伏在太叔的信使所必须经过的道路上，截获了太叔写给姜氏的回信。这样，郑庄公就完全掌握了主动权。

太叔刚带兵出发两天，郑庄公和公子吕就来到京城外，公子吕先派了一些士兵扮成买卖人的模样混进城去，瞅准时机在城门楼上放火，公子吕看见火光，立刻带兵打进城去，一举攻占了京城。

太叔出兵不到两天，就听到京城失守，十分惊慌，连夜返回，但士兵已经听说太叔是让他们去攻打国君，就乱哄哄地跑了近一半人。太叔见人心已不可用，京城是无法夺回来了，只好逃到鄢（在今河南省鄢陵县）这个小城。在这里又吃了败仗，就又逃到共城这个更小的地方。郑庄公和公子吕两路大军一夹攻，一下子就把共城攻下来。太叔走投无路，最后只好自杀了。郑庄公听到弟弟自杀的消息，立刻跑去抱尸痛哭，一边哭一边说弟弟不该自杀，纵使有天大的错做哥哥的也会原谅的，哭得周围的人也忍不住流泪。郑庄公又一次赢得人心，大家都说他是一位好哥哥。

郑庄公在弟弟身上搜出了姜氏给他的那封信，十分生气，就派祭仲把信送给姜氏，并把姜氏安置到城颖，并发誓说："不到黄泉，我是不会见我的母亲了。"

隧内见母又得美名

郑庄公除掉了弟弟，轰走了母亲，稳固了他的君主地位，心里当然十分踏实，也很高兴。可当时还是极其重视人的道德品质的。至于母子之间的人伦大孝，尤其显得重要。姜氏虽然有这样那样的不是，在许多方面有愧于庄公，但她毕竟是庄公的母亲，所以社会舆论并不完全站在他这一边。人们议论庄公的做法是不孝，这使庄公很难堪。庄公是否出于母子之情对自己的做法感到后悔姑且不论，不到黄泉不见母亲的誓言正立，如果破了不仅为人耻笑，丧尽君主的威严，将来还会遭报应，这使他左右为难。

正在这时候，有个管理边界的小官颍考叔来给庄公进献一只鸟，庄公问他献的什么鸟，他说是一只夜猫子，这鸟不是好东西，它白天看不见东西，专在晚上活动，父母辛辛苦苦地养大了它，它长大了就把父母吃掉了，这种不仁不义的鸟，请庄公惩办它。

庄公虽然知道他话里有话，但还是比较大度，任由他说。恰好到了吃饭的时候，庄公就请颍考叔和自己一起进餐。吃饭时，颍考叔把菜里的肉挑出放在一边，吃完后包好收藏起来。庄公很奇怪，就问他这是什么缘故。颍考叔说，他的母亲什么东西都吃过了，就是没有吃过国君赐予的食物，他要带回去给母亲吃。庄公听了非常感叹地说："人家都有母亲好孝顺，为什么只有我没有呢？我虽做了诸侯，却不能像你们平民百姓那样去孝顺父母。"颍考叔故意装作很纳闷的样子说，太夫人好好地活着，为什么不能好好地孝顺呢？庄公就把将母亲放逐到城颍及发誓的事说了一遍。颍考叔说，你既然惦记着母亲，就说明你大孝。你说的"黄泉相见"，不一定就是死了才相见。如果在地下挖一条大隧道，一直挖到泉水，不就是见到了黄泉了？在隧道中相见，谁又能说你不孝呢？谁又能说你违背了誓言呢？庄公觉得这办法可以，就派颍考叔去办了。

颍考叔派五百士兵迅速挖好了隧道，并在地道里盖好了房子。一面把姜氏接进去，一面请庄公从地道的另一边进来。母子相见，抱头痛哭，相互原谅了。在隧道内，庄公赋诗道："大隧之中，其乐也融融。"出了隧道以后，姜氏赋诗道："大隧之外，其乐也泄泄。"从此，他们母子之间又像当初一样和睦亲爱。至此，庄公又赢得了孝子的美名。

郑庄公到底是不是真的"道德楷模"呢？有一段时间，郑庄公因忙于自己的事务，很长时间没有去洛邑了，忽然听说周平王有不用他做朝廷卿士的意思，就赶忙跑到洛邑，去向周平王辞职，说自己本来没有什么能力，只是靠祖上对王室的忠诚，才被收留在朝廷里当差，这回希望能准许辞职。周平王本打算用虢公忌父当卿士，但不知怎么走漏了风声，十分难堪，矢口否认有过更换卿士的打算。越是否认，郑庄公就越是说自己的能力赶不上虢公忌父，弄得周平王差点给郑庄公下跪。后来，周平王实在没有办法，就说如果怕他不相信郑庄公，就让自己的儿子太子狐到郑国去做抵押。平王的臣下们觉得让太子做抵押也太不公平了，但又害怕郑庄公，就提出让平王和庄公的儿子相互交换做人质，郑庄公就答应了。太子做人质，这是开天辟地以来的第一次，这使周朝的脸面扫地无存。臣下质押君主的儿子，更是大逆不道的事，由此可见庄公的真实面目。

庄公在对待他弟弟反叛的态度上是极其令人深思的。庄公知道他的母亲和弟弟怀有二心，但完全可以及早地采取措施加以制止，用不着陷人于死地。不过，庄公也十分清楚，一天不彻底除掉弟弟，他的心里就一天不得安宁，因为他的弟弟迟早要反，况且经常采取严厉的措施，还会给自己招致不仁的恶名，不如设法一次斩草除根。因此，庄公一步步地把他的弟弟诱向反叛，而且又全在他的把握之中。在这全过程中，他显得十分"仁厚"，乃至大臣们都为他着急。

为了权力，不顾手足之情，不顾母子之情，既除掉了弟弟，又放逐了母亲，这就是所谓的"仁者"；在具体的过程中，庄公深藏不露，欲扬先抑，欲擒故纵，采取"欲噬者爪缩，将飞者翼伏"的阴险策略，为自己赢得了巨大的声誉，这就是忍术。

在中国历史上，杀人必冠以名目，杀之有名，使被杀者无怨言，使旁观者无谤言，已成为一条通行的历史经验。如果认真地分析这些杀人者和被杀者，我们也许会被深深地震撼，权力欲望与人性的搏斗是多么残酷。怎样才能限制人的权力欲望，怎样才能发展人的正常的人性，恐怕是值得思考的。

杨广虚伪之忍成恶帝

中国封建社会皇位继承问题有一条明文规定：立长不立幼。也就是说只有长子才有资格做皇帝。这在某种程度上有一定弊端，也让其他想做皇帝的皇子颇费一番脑筋。不甘心者便施以"忍"、"串"、"欺"的手段，有时真的"功到自然成"。

离间父兄成为太子

北周大定元年（581年）二月十四日，杨坚从自己的外孙北周静帝宇文阐手中接过了皇帝的玉玺，宣布改国号为隋，改年号为开皇，史称隋文帝。杨坚篡位当了皇帝，他的妻子独孤氏便成了皇后，长子杨勇便成了太子。

杨勇为人直率任性，待人宽厚，生活追求奢华，贪恋女色，逐渐失去了父母的欢心。在性格和手腕上，他也斗不过弟弟杨广。杨广是隋文帝的二儿子。隋朝开国后他被封为晋王。杨广很有心计，为人深沉持重。尤其能礼贤下士，颇为朝臣所称道。

杨广早有野心，想取太子而代之，所以他在广结朝臣的同时，更十分留意宫中动向，以便迎合父母心意，与哥哥杨勇对着干。当他得知父亲不满杨勇奢侈，母亲不满杨勇宠爱姬妾时，便十分留意自己的言行及生活琐事。

杨广不仅刻意逢迎父母之所好，而且不惜花费金钱广泛结交朝臣，甚至连皇帝皇后身边的侍从，也屈尊去交好。每逢朝臣或侍从奉皇帝或皇后之命来到杨广家中传达旨意时，杨广都早早地在门外站着恭候，临走时必定以金银及珍贵之物为馈赠。所以，这些人无不在皇帝或皇后面前大讲杨广的好话。时间一久，太子杨勇与晋王杨广在隋文帝及独孤皇后心目中的反差，越来越大了。

杨广见时机到了，便有计划地开始陷害兄长，抢夺太子宝座。杨广在出任扬州总管以后，广结心腹，总管司马张衡、安州总管宇文述等人都是他的死党。张衡受杨广之托为篡夺太子宝座进行全面策划。宇文述建议杨广为搞掉太子首要的是结交权臣杨素，因为只有杨素才能使隋文帝改变主意。而杨素又最信任弟弟杨约。若想结交杨素首先要交好杨约。宇文述还毛遂自荐，主动提出去京城打通杨约这一关节。杨广听后异常高兴，当下给了宇文述许多金银财宝，以利他进京活动。

宇文述抵京后，立即宴请杨约，并与他赌博。宇文述故意只输不赢，很快便把带来的金银输个精光，另外还赔上许多古玩。杨约酒足饭饱又发了个大财，满心高兴，口中连连称谢。宇文述乘机说道："杨大人，您可别谢我。这些金银珠宝是晋王下赏赐的，殿下命令我陪您玩玩，只求您高兴即可。"

杨约不解地说："宇文大人，您可把我灌糊涂了。请大人详细说明可好？"

宇文述就把杨广派他来京的用意一五一十一全说了，最后又是劝谕又是威胁地说："杨大人，守常规固然是大臣的本分，可是，如果违反常规却符合天意人心，也该权变，这才是通情达理之举。常言道，识时务者为俊杰。从古至今，贤人君子没有不根据形势而行动的，不避害趋利还叫什么君子？您与令兄是当今朝中最有地位、最有权势的大臣，劳苦功高，掌权多年，难免不得罪一些人呀。恐怕有不少朝臣对二位大人心怀不满，甚至有人还想等机会加害于二位。如果皇上一旦升天，您二位还有靠山吗？据我所知，太子对当权的大臣是很不满的，将来太子继位，不知大人与令兄可得安生？目前，皇上与皇后对太子深为不满，早有废黜之意，这点您不会不知道吧。依我愚见，只要令兄出面劝皇上立即废掉太子，另立晋王为太子，肯定能得到皇上同意。果真如此，岂不一举两得。晋王当上太子还能不感激二位大人吗？我想，那个时候大人与令兄就可以安如泰山了。"

　　杨约听罢，连连点头表现同意。宇文述见目的已达到，也就不再言语了。

　　第二天，杨约就去见杨素，把宇文述的这番话作为自己的见解，同杨素讲了。杨素听后，也正中下怀，拍着巴掌说："贤弟，多亏你想得深远，愚兄还没想这个问题。你谈得很好，很及时啊！"

　　分手时，杨约又叮咛杨素："哥哥，皇上最听独孤皇后的话，你可早下决心，否则，将来难免大祸临头；你一旦成功，咱们家可就万世昌盛，子孙永无后顾之忧了。"

　　几天以后，杨素趁进宫侍奉独孤皇后饮宴的机会，装作无意的样子，随口说道："皇后陛下，为臣应恭贺陛下呀。"

　　独孤皇后不解地嗯了一声，并让杨素继续说下去。

　　杨素说："晋王孝顺父母，友爱兄弟，礼贤下士，节俭勤奋，真像皇帝陛下一样，皇后有这样好的儿子，真是大隋天下之福啊！"

第九章　奸诈之忍

没想到皇后听罢这句话却流下了眼泪，杨素吓得赶忙离席跪到地上叩头请罪。皇后摆摆手，让他重新落座，深深叹了一口气说："你说的都对，广儿是个大孝子。皇上常跟我提及，每次派人到扬州去看他，他都早早地在府门外站着等使臣，——提到皇上和我，这孩子就流眼泪，都那么大了，还舍不得爸爸和妈妈。广儿的媳妇也贤惠，每次我派宫女去看她，她都同宫女一个桌吃饭，一张床上睡觉。这两口子可不像勇儿那两口子，阿勇和阿云一天只知道享乐，近小人远君子。尤其叫我伤心的是，勇儿还猜忌广儿，我真担心有朝一日广儿死在勇儿之手哇！"

杨素一见机会到了，说了一些安慰皇后的话，又说了许多太子杨勇的坏话。独孤皇后见杨素是这个态度，立即赏给他许多金银珠宝，并告诉他要帮助皇帝早下决心，废掉太子杨勇，立杨广为太子。杨素没想到这么轻易就达到了目的，一再向皇后表示一定向皇帝进言，豁出老命也在所不惜。

杨广除了派人向皇帝、皇后进言，自己还亲自出马。一次，他回京朝拜，离京时去辞别母亲，一见到母亲就跪在地上泣不成声，独孤皇后也流下泪来。杨广哽哽咽咽地说："孩儿实在笨拙，只知道友爱兄弟，可不知因为什么得罪了太子，太子对孩儿恨得要命，常常对人讲要杀掉孩儿。孩儿被杀倒无所谓，只是担心母后承受不了哇。孩儿就要离京回扬州了，请母后千万珍重，不要以孩儿为念！"

说罢，杨广竟呜呜大哭起来。独孤皇后用手一抹眼泪，高声说道："孩子，你站起来。这个瞧地伐（杨勇的小名）也越来越不像样了！我给他娶了元氏，可是他却不把人家当妻子对待，一个心眼宠着那个阿云，媳妇死了我还没追究，如今又要害你，我真不能容忍了！我活着他就敢这样，将来我死后还得了？皇上一旦千秋万岁之后，将来你们还得向阿云的儿子称臣，这可太叫人痛心了！"

杨广见母亲中了他的圈套，就更放声大哭起来，趴在地上不起来。

杨广离去后，独孤皇后决心去找皇上提出废掉太子杨勇。

对于废掉太子的议论，杨勇也有耳闻，虽然忧惧可又拿不出对策。后来，他竟愚蠢地去找巫师，请巫师做法术帮助自己避开这场灾难。杨勇按巫师的要求，在后花园内修了一个庶人村，房屋低矮简陋，自己常住到里面，用草垫子当褥子，空着粗布衣服，俨然是个穷百姓。幻想以此来保住自己的地位。

隋文帝对杨勇的这些举动，很快就掌握了。他虽然有意废掉太子，但总不肯轻易下决心。此番听说太子如此，就想再给太子个机会，再考虑一次。于是，隋文帝下令召见太子。杨素唯恐隋文帝与太子重归于好，就想出一条毒计来。他亲自站到宫门，当见到太子来时，不让太子进宫，故意激怒他。直到杨勇上当发火了，杨素才答应进宫禀报皇上。杨素进宫后对隋文帝说："为臣在宫门见到太子怒容满面，恳请皇上小心，谨防有变故。"

隋文帝一听，十分生气，感到太子实在是不可救药了。

开皇二十年（600 年）十一月，隋文帝正式下诏废掉太子杨勇，立晋王杨广为太子。将杨勇监禁在东宫，交付杨广监管。杨勇被关押后，一再请求面见父皇申诉，结果均被杨广阻止，未能如愿。杨勇被逼无奈，只好爬到院中的大树上高声喊叫，期望父皇能听到他的声音。对此，杨素立即向隋文帝报告："杨勇疯了，已不可救药了。"因此，杨勇未能见到父皇的面。

诬陷幼弟终获皇位

杨广在杨素等人的帮助上，虽然坐上了太子的宝座，但心里仍不踏实。因为他还有两个弟弟，蜀王杨秀、汉王杨谅，令他担心。杨广把攻击的矛头，首先对准了蜀王杨秀。杨秀当时是佃州总管，身强力

第九章　奸诈之忍

壮，敢作敢为，武艺超群。隋文帝曾不止一次地同独孤皇后谈论这个儿子，说："秀儿将来必定不得善终，我在世还没有什么，一旦他哥哥继位，十有八九他要造反。"

杨秀自从出任益州总管以后，俨然是一方的霸主，胡作非为，无人敢问，他使用的车马和穿着的服装与皇帝所用的没有差别。他对杨广立为太子，心中愤愤不平。

杨广采取了先发制人的手段，通过杨素向隋文帝进谗言，以达到暗害杨秀的目的。隋文帝果然听信了杨素的话，下令召杨秀进京。杨秀接到旨意后，犹豫不决，进京怕凶多吉少，不进京，又怕违抗圣旨获罪。他属下的司马劝他遵旨进京，他沉下脸不悦地说："这是我的家事，与你无关!"并下定决心不奉召进京。

杨广为了置杨秀于必死之地，暗地里叫人做了两个木偶，绑上双手，在心窝钉上钉子，分别写上隋文帝及汉王杨谅的名字，埋到华山脚下。然后，叫杨素派人前去挖掘。杨素获得这一大逆不道的"证据"之后，立即向隋文帝作了报告。杨广唯恐"证据"不充分，又假造了一道造反的檄文，内容是杨秀起兵的宣言，称"逆臣贼子专弄威柄，陛下惟守虚器一无所知"，"陈甲兵之盛"、"指期问罪"。然后，把这道檄文放进杨秀的文集中，命杨素作为罪证上报给隋文帝。

隋文帝看过这些"罪证"之后，勃然大怒，高声喊道："天下竟有如此不孝之子吗!"

十二月，经过审判，杨秀被废为庶人，禁闭在内侍省，不许与妻子相见，受他牵连被治罪的有一百多人。

仁寿四年（604年），杨坚在仁寿宫中一病不起。早已想得到皇位的杨广更是跃跃欲试。他加紧与杨素等人书信往来，勾勾搭搭。有一天，偶然被杨坚察觉，杨坚如梦方醒，发觉自己被骗了。事又凑巧，杨坚最宠爱的宣华夫人又神色不定地跑到寝宫，哭着向他说："太子无礼!"原来,宣华夫人上去厕所,被杨广拦住,欲行非礼,她拼命挣扎方得脱身,杨坚更是大怒,大骂:"这猪狗不如的畜生,怎么能托付大事!独孤后呀,你真是害了我呀!"他想起被冤枉的长子杨勇,想重召他来,但为时已晚。早已布置周密的杨广没容他反悔,就先下手派人将其害死了。杨广继位,这就是隋炀帝。

杨广以"忍"终于登上了皇帝的宝座。不管人们喜不喜欢杨广的这种虚伪之术,但这种办法在中国传统社会,历朝历代都用过,因为政治斗争只讲结果,不讲手段。

杨广之忍术,人们固然不提倡,我们之所以写出来是告诉人们杨广的虚伪之术也是一种忍。大千世界,人生百态,采用何种手段去做事的人都有,也好叫人擦亮眼睛。

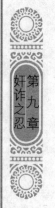

王莽书生之忍

新朝的王莽,是一位中国历史上独一无二的通过和平方式而走上帝位的书生皇帝。而这个王朝的昙花一现,即使今天看来,也是意味深长的。

"周公恐惧流言日,王莽谦恭未篡时。向使当初身便死,一生真伪复谁知。"在中国封建社会,书生做开国帝王实是一大怪胎,王莽为了登上皇位,煞费苦心,忍了多年,其结果不免使读书人一声"长叹"!

沽名钓誉矫情作伪

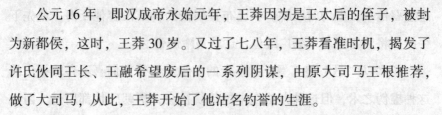

公元 16 年，即汉成帝永始元年，王莽因为是王太后的侄子，被封为新都侯，这时，王莽 30 岁。又过了七八年，王莽看准时机，揭发了许氏伙同王长、王融希望废后的一系列阴谋，由原大司马王根推荐，做了大司马，从此，王莽开始了他沽名钓誉的生涯。

王莽做了大司马以后，做出一副极其清廉高洁的样子，每当从朝廷上得了赏赐，全部分给宾客僚属，自己分文不取。在生活上，他也格外节俭，穿的是破旧的衣服，吃的是素淡的饭菜，几乎和一般的百姓没有什么两样，这一招使他获得了世人的好感和支持。

有一次，王莽的母亲有病，朝廷上的公卿侯爵多派夫人前来探视，这些人都穿着绫罗绸缎，头上戴着珠宝首饰，王莽的妻子急忙出门迎接，穿的是粗布衣服，衣不拖地，裙子刚刚盖过膝盖。客人们以为她是王家的仆妇，等悄悄问过别人之后，才知道她就是王莽的妻子。王莽家招待客人礼数十分周到，但仅是清茶一杯而已。由此看来，王莽在这一方面确实是个富有心计的人。自这以后，王莽开始有了清廉俭约的名声。

不仅如此，王莽还博得了"直臣"的美名。一次，太皇太后王氏设宴邀请傅太后、赵太后、丁皇后等人一同聚会，主事官员在座位正中摆下一把椅子，太皇太后坐，在旁边又摆下一把椅子，傅太后坐，其余则排列两边。这时王莽走进来，大声喝问："上面为什么设着两个座位？"主事官员回答说："一个是太皇太后的，一个是傅太后的。"王莽说："傅太后乃是藩妾，怎得与至尊并坐，快撤下来！"傅太后听说她的座位被撤掉，就没来赴宴。后来，傅太后胁迫哀帝罢免王莽，王莽听到了消息，马上自请免职，哀帝也未加挽留。就这样，王莽又回到了他的新都封地。不过，这件事虽使他遭到罢官，却为他赢得了更多的名声，众人都认为王莽有古代大臣的风范。

董贤的父亲曾任御史，因此董贤得以为太子舍人，当时年纪才十五六岁，哀帝偶尔在殿中看到他，还以为他是女扮男装，一见之下，竟倾心相爱，再加上董贤贯会柔声下气，搔首弄姿，更让哀帝宠爱，以致两人食同案、寝同床，形影不离，后来连董贤的妹子和妻子也轮流陪哀帝寝居。董贤一家平步青云，真是独邀主宠，公侯满门。

哀帝荒淫过度，于26岁而亡，董贤虽对哀帝忠心耿耿，怎奈不习事务，无法理丧，太皇太后王氏便命王莽入都帮助董贤治理丧事。这又给了王莽一个捞取政治资本的大好机会。王莽入朝，先不问丧事如何办理，而是顺应人心，罢黜了董贤，迫他自杀，并将董贤一家迁徙他地，将其家产估卖充公，然后才料理了哀帝的丧事。

王莽独掌大权以后，便与太皇太后商议，迎立中山王箕子为嗣。王莽为了讨好太皇太后，把平时得罪她的傅、赵等皇后一概贬降，致使许多人自杀，太皇太后倒是满心欢喜，以为王莽替她出了口恶气，其实这是王莽在为自己以后进一步夺取政权扫清道路。

妄称祥瑞位极人臣

箕子即位，是为汉平帝。当时平帝只有九岁，一切权力均由王莽把持，就是太皇太后王氏也被王莽哄得团团转。朝廷中的正直大臣见王莽渐无人臣之礼，大多数陆续辞职引退。在朝的官员，多趋炎附势，尤其是历任三朝的大司徒孔光。不过，王莽自己也很明智，知道自己多半是靠了太皇太后王氏的信任才得以独揽大权的，人心其实并未收拢。王莽想了多日，终于想出一个办法。他秘密派人前往益州，告诉地方长官，让他买通塞外蛮夷，假称越裳氏，献入白色雉鸡。平帝元

第九章　奸诈之忍

始元年正月，塞外果有蛮人入朝，说是由于仰羡汉朝德仪，特来人献白雉一只。王莽一听，非常高兴，立即禀告了太皇太后，把这只白雉送到了宗庙里。亏得王莽读过书，才想出了这个办法。原来，周朝成王的时候，越裳氏也曾来中原献白雉，王莽是想把自己比成辅佐幼主的周公，才买嘱塞外蛮夷来汉献雉。其实群臣都知道是王莽所为，但谁也不愿揭破，反而仰承王莽的意思，说大司马王莽安定汉朝，当加为安汉公。太皇太后即日下诏，王莽故作姿态，上表一再辞谢，并要求加封迎立平帝有功的孔光等人，自己最后只受爵位，退还了封邑。

王莽还大封刘氏宗室，凡刘氏王侯，只要有后者，一概升爵封赏，退休的士大夫及其子女，也都给予俸禄，甚至对孤寡老人，也遍济周恤，使得天下吏民，无不称道。后来，王莽又上书太皇太后，说她年事已长，不宜署理小事，凡封爵已下诸事，均交自己处理。太皇太后当然同意，于是，天下就更是只知王莽而不知汉天子了。

王莽还不满足，又秘密派人买嘱献瑞。第二年，黄支国献入犀牛，汉廷上下均感惊异，都觉得黄支国远在海外，从不和汉朝交往，难道又是仰慕安汉公王莽的威仪，前来拜服？随后，又接到南方某郡的报告，说是江中有黄龙游出。祥瑞迭出，真是称颂不迭。这年夏天却出现了罕见的大蝗灾，王莽就是再有本领，也无法把这说成是"祥瑞"，于是另出新招，借灭蝗来提高自己的威望。王莽一面官吏查勘，准备救济灾荒，一面启奏太皇太后，宜减衣节食，为万民做出榜样。尤其是王莽自己，戒除荤腥，不杀生灵，还出钱百万，献田三十顷，以充做救灾费用。朝廷公侯见王莽如此大方，也不好不效法，先后捐款捐物的多达二百多人。

过了不久，连下阴雨，蝗灾渐退，稼禾复生，大家都说安汉公德感天地，王莽由此又得到了一赞誉之声。

平帝12岁时，王莽建议选立皇后，并采用古礼，选娶12名后妃。

王莽令人选择世家良女，造册而入。主管官员揣摸王莽的用意，多选豪门士族之女，尤其是王氏女子，几乎占了一半，连王莽的女儿也在内。王莽本想让自己的女儿独占后宫，又不便明言，就故意启奏太皇太后，说是王氏女子应该一并除去。太皇太后正弄不清什么意思，群臣却议论汹汹，都要求立王莽的女儿为皇后。王莽还要再选 11 名凑数，群臣尽皆抗议，说只需王皇后一人即可。太皇太后优柔寡断，只好听从了王莽和群臣的建议。王莽又把皇室所赏赐的钱物拿出八九成分赐给其他随嫁媵女及其家属，使得别人感恩戴德。

王莽这样做事，有时太过露骨，连他的儿子王宇也看不惯。王宇怕日后出事，屡次劝谏王莽，王莽概不听从。王宇无法，便派人在王莽门前洒露血迹，王莽迷信，也许会相信那是上天垂戒，多少加以收敛。没想到洒血的人竟然被卫兵发现逮捕，连累王宇，王莽竟因为这么一点小事就杀死了他的亲生儿子及其同党，并把平帝生母卫抵的家族及其支族尽数屠戮，只留下卫后一人。

王莽之女既为皇后，王莽就更加想方设法地讨太皇太后的欢心。他认为太皇太后年老体弱，独居深宫一定十分憋闷，就建议她外出旅游，并借机关问孤寡。太皇太后当然求之不得，立刻答应，王莽还准备了许多钱帛牛酒，沿途赏赐穷困老弱之人，弄得万民拜呼，好不热闹。再加上所到之处皆是名胜古迹，老妇人仿佛到了一个神奇的世界，真是说不尽的欢愉。王莽讨好太皇太后，真可谓体贴入微。太皇太后认为王莽实在是孝顺极了，别说是侄子，就是亲生儿子也远远比不上啊！

王莽行事有两个特点：一是处处遵循古制，一是相信符命灵异。其实，这是王莽笼络人心的手段，至于他自己是否发自内心，却是十分难说。王莽根据周朝的先例，特别创议，设立明堂灵台，还建造了近万间学舍，专门招纳儒士名人，设官考校，贤者为师，愚陋者为徒。王莽见南方北方都来献瑞，独有西羌东夷未见入朝，就买嘱有关人等，

让他们密往办理。不久，东献方物，西献鲜小海（即青海）等地。王莽十分高兴，立即征发囚犯边民，前往垦戍。群臣极尽阿谀奉承之能事，向太皇太后王氏奏请说，当初周公辅政七年，制度乃定，如今安汉公辅政才四年，就大功告成了，应当把安汉公升到宰相的地位上去，列于诸王之上，并应加赐九锡。太皇太后一概应允。

这期间，上书请加封安汉公的就有近五十万人，太皇太后见朝野上下如此恭维王莽，也弄不清真假，只是加紧催办，行九锡之封典。九锡封典是中国古代社会最高级别的封赏仪式，所封之物共有九种。受封之后，其德望权位，仪仗用度，几与皇帝不相上下。

篡位改制食古不化

这时，平帝年已十四，智慧渐开，知道王莽挖掘太后坟墓，且杀尽舅族，只剩母亲一人，还不许相见，十分愤慨地说："我若长大，一定报了此仇！"王莽的心腹告诉了王莽，王莽怕日后平帝长大参政，就送入毒酒，毒死了平帝。

王莽压制住群臣的意见，主张迎立宣帝的玄孙刘婴为皇帝。这时，各地的官民纷纷来献瑞，长安挖井得石，上书"安汉公莽为皇帝"等丹红大字，各地符命，陆续来到长安。王莽让人告诉太皇太后，这位喜谀庸碌的太皇太后到了此时才算明白，厉声呵斥说："这些都是欺人妄语，断不可施行。"但她已阻止不了王莽，只好不下诏，让王莽当假皇帝。王莽为假皇帝后不到一月，刘氏宗室就有人起兵讨伐王莽，再加上农民起义军，一直攻打到了长安。王莽派兵镇压，基本消灭了这次联合进攻，王莽的威德似乎又牢固了一层。

这时，王莽又得到了一项符示。原来，梓潼人哀章，狡诈灵滑，看准王莽的心思，想趁机弄个官做。于是，他暗制一铜匣，扮作方士模样，在黄昏时交给了高祖的守庙官。王莽收到后打开一看，其中断言王莽当做真天子，下列佐命 11 人：一是王舜，二是平晏，三是列歆，四是哀章本人，五是甄邯，六是王寻，七是王邑，八是甄丰，九是王兴，十是孙建，十一是王盛。

王莽当然知道这是假的，但他正好弄假成真，借此作为篡权的依据。初始元年十二月一日，王莽率领群臣朝拜高祖庙，拜受金匮神禅，回来后谒见太皇太后，说秉受天命，自己应当当皇帝，太皇太后正要驳斥，王莽已管不了许多，即跑出内宫，改换天子服饰，走至未央宫，登上龙廷宝座，文武官员，也一律拜贺。王莽写好诏命，正式颁布，定国号为新，改十二月朔日为始建国元年正月朔日。

刘婴只是立为太子，并未做皇帝，所以御玺一直由太皇太后保管。王莽派王舜去索取御玺，太皇太后不能不予，便狠狠地往地下一摔，这块自秦朝传下的玉玺，从此便缺了一角。

王莽既得汉朝，便须依照符命所示，尽封 11 人官职，其余九人倒还好说，只是王兴、王盛二人，乃是哀章假造出来，取王莽兴盛的吉利之意，哪里去寻找？好在姓王的很多，同名者亦在不少，访得一个城门令史王兴，还有一个卖饼的男子王盛，俱拜为将军。

王莽又嫌自己的出身不够堂皇正大，自称为黄帝虞舜的后裔，尊黄帝为初祖，虞舜为始祖，凡姚、妫、陈、田、王诸姓，皆为同宗。这样，王莽既有了渊源，又有了宗族，可谓是天命所归的真龙天子了。

新始建国二年，王莽根据古书《周礼》、《乐语》上的传闻记载，开赊贷，立五均，平物价，抑兼并，发货款。并令凡有田不耕者，城郭中宅不种菜植树者，民浮游无事者，都要交税。采矿、渔猎、畜牧、蚕桑、纺织、补缝、工匠、医、巫、卜、祝、方技、商贩，纳其利的十分之一上缴。并多次改铸货币，尤其是改动地名、官名，改来改去，令人记载不清，书写不明，以至下诏令时主明原地名才能看明白。

　　"王莽改制"在中国历史上是十分有名的。尤其是他食古不化，他不懂得古书上的记载只是一种理想，只能根据现实的具体情况而逐渐地将其中合理成分慢慢地向现实渗透，而是遵照古书的记载，原封不动地照搬古制。王莽所一贯玩弄的是他那套阴阳家的本领。新朝天凤六年，王莽又宣布每六年改元一次，自言"当如黄帝升天"，其目的是欺骗百姓，但百姓受欺已久，不再上当。新朝地皇元年（公元20年），王莽再次宣布自己是黄帝的后人，造九庙，黄帝庙高十七丈，工费数百万，造庙士卒奴隶多为迁徙而死。

　　王莽处心积虑地想篡夺西汉政权，利用弄虚作假、矫情作伪的手段收拢人心，一步步地攫取权力，树立威信。王莽是不是一个纯粹的骗子或者纯粹的野心家，唐朝的大诗人白居易曾经写了这样几句诗：

　　　　周公恐惧流言日，王莽谦恭未篡时。

　　　　设使当时身便死，一生真伪复谁知?

　　实际上，王莽身上还是有着浓厚的书生的影子，在托古改制问题上，他一方面确实是在拉拢人心，另一方面，也不能否认他对古代有深厚的感情和真诚的向往，否则，他明知仿效古制并无多大收拢人心的作用，为什么还要坚持那样做呢?

　　从他发布的政策法令和对待起义军的态度方面，就更能显出他的书生本色。他本以为古礼对百姓会像对他那样有效，所以仿效周代，企图建立一个理想的德化淳美的社会，但由于他十足的书生气反弄得天下大乱，自己也成了桀纣。至于对待农民起义，他就更像一个稚气十足的小学生了。

　　　　诚然，在王莽的身上，既有虚伪、奸诈、残忍的一面，又有书生善良、真诚、死板的一面，只是作为一个篡位皇帝，他这一面很难被人发现罢了。

奸臣秦桧的忍术

奸臣之奸各有千秋，奸臣的忍术更有独到之处。秦桧是历史上有名的奸臣。在中国历史上，似乎还没有哪一个奸臣能像秦桧这样受后人痛恨，在岳飞墓前和岳王庙里，秦桧、万俟卨等人被塑成十分丑恶的形象，囚跪在铁栅栏或是铁笼子里。在当时，人们就已经意识到他是奸臣，但他为什么还能立足朝廷呢？实在是他的忍术高明啊！

被俘叛变卖国求荣

秦桧生于宋哲宗元祐五年（1090 年），由于出身低微，早年生活较为坎坷。在徽、钦二帝被擒时，他已官至卿史中丞，算是不小的权臣了。

1126 年，钦宗即位掌权未过多久，金军副元帅斡不离就带兵包围了汴京（今河南开封），宋钦宗慌了手脚，准备车驾，企图逃走。主战派李纲等人看见，连忙劝阻，要求钦宗留下，以安定人心。钦宗虽然留下了，但极为软弱，倾向于主和派的意见。当时，金人要求割让中山、太原、河间三镇。这时的秦桧尚未露出卖国贼的嘴脸，他主张只能割燕山一路，余地不能割。

在作为使者与金人谈判的过程中，秦桧也还能坚持上述意见，回

第九章　奸诈之忍

国后又升为殿中侍御史、左司谏。后来秦桧被金人捉去，不久，同为金人俘虏的徽宗听说康王赵构即位，便修书与金世宗议和，并派秦桧前往。金世宗留下了秦桧，并把他转送给自己的弟弟挞懒，从此，秦桧神差鬼使一般，追随挞懒，成为挞懒的忠实仆人，在挞懒被杀后，他仍忠于金国，以出卖南宋为己任。

1130年，挞懒带兵攻打南宋的北方重镇正阳（即今江苏淮安），带秦桧一同前往，其意是放秦桧南归。当时有人问挞懒为什么把秦桧放回去，挞懒说："我曾经多次把秦桧放在军前考验，觉得这个人表面上有些不驯服，可内心里总能委曲求全，做事很合我的意愿。如今要灭亡南宋，只靠武力还不够，还应该内外夹攻，里应外合，如果秦桧能在南宋朝廷中做个内应，我们取南宋岂不是容易得多了吗？"他这番话说服了众人。

秦桧与他的夫人王氏一起"逃"回南宋，在路过涟水时，被南宋水寨统领丁祀抓住，要杀死他。秦桧慌乱说："我是前朝的御史中丞秦桧，你们应该知道我！"这时，船中的一穷秀才上来凑趣，装作认识他的样子，一见面就大作其揖说："中丞回来了，这些年辛苦了！"并与他亲密交谈。丁祀见有人认识他，便送他到了朝廷，就这样，秦桧回到了南宋。

秦桧说自己杀死了看守人员，和王氏连逃了将近三千里，回归南宋，朝中许多大臣认为这不太可能，一路之上，金人盘查严密，岂容一对汉人夫妇自由往来？再问起同时被俘的朝臣情况，他也支吾不清，有许多地方不符实情。秦桧的密友宰相范宗尹和李回都极力为他辩护，再加上在前朝给人留下的好印象，高宗赵构还是很信任他。

秦桧回到南宋之时，宋高宗正被金兵追得无立足之地，见到了秦桧，仿佛见到了救命稻草一般，况且秦桧又自吹跟随挞懒数年，深谙挞懒秉性，并献上了早已准备好的《与挞懒求和书》，信函一到，必能议和成功。在召见秦桧后不久，高宗竟与人说道："桧忠仆过人，与其一谈，朕高兴得夜不寐。"秦桧开始了他的卖国生涯。

当时，南宋军队中的将领主要是由河北、山东等地的军人组成，这些人不愿回去受金人的统治，因而，他的策略遭到了广泛的反对。在强大的舆论压力之下，高宗不得不以专主和议、植党专权的罪名罢免了秦桧的宰相职务。后来，金人的使节来到南宋，提出的议和方法竟与秦桧的主张如出一辙，由此可以看出秦桧是早与金人串通好了的。

秦桧被罢相之后，采取的方式是静观以待其变。他深深地知道，金人灭亡南宋的决心是不会改变的，南宋迟早还会主张议和，他也就会被重新起用。果然，在1135年，金主粘罕死，其弟挞懒得势，过了几年，挞懒又恃兵威胁南宋，早已被吓破了胆的宋高宗，又起用秦桧为相，让他主持议和。对于任秦桧为相，朝廷上的许多正直大臣表示忧虑，许多人上书劝阻，但高宗企图让秦桧来往于两国之间，救护南宋小朝廷。

高宗绍兴八年（1138年）五月，金人再派来使，重申前几次提出的议和条件，态度十分蛮横强硬。秦桧见高宗态度明朗，他就准备不顾群臣，只抓住高宗一个人，强行推行议和政策。

在与金人谈判的前夕，秦桧再来试探高宗，也促成他下定与金人和谈的决心。在几次朝会之后，秦桧都是一个人独自留下来与高宗密谈。第一次密谈时，秦桧说："臣僚们多是畏首畏尾的人，不足以与他们讨论大事。议和之事请陛下只与我一人商议决断，不要让其他的人干预，不知可否？"高宗说："我只派你一个人来主持此事。"秦桧又说："我对这件事是有信心的，只是不知陛下是否下定了决心。请陛下考虑三天再定，免得我行事时有不方便之处。"过了三天，他们进行了第二次谈话。高宗说："我的信心已经很坚定了！"秦桧说："我恐怕还有考虑不周，别的方面还有不方便之处，请陛下再考虑三天!"

又过了三天，他们进行了第三次密谈，秦桧觉得高宗的信心不再动摇了，就去坚定地实行他的投降方针。

秦桧先拿出他准备好的议和方案，让高宗签了字，然后一个人主持议和谈判，不许其他大臣干预。在议和时，金国派来的使节带来了议和国书，非要高宗跪拜不可，否则，议和不成。正在万分为难之际，秦桧引经据典，说是高宗守丧三年未满，不能处理国家大事，金朝使者这才勉强应允，由秦桧代行皇帝职权，跪在金使面前，在和约上签字。

冤杀忠臣纵奸有术

此时，挞懒又死于政敌金兀术之手。金兀术不以议和为方针，而是要长驱直入，灭亡南宋。于是，在秦桧签订和约之后一年，金兀术就率兵南下，河南、陕西、河南诸州纷纷陷落，秦桧十分震惊。

金人撕毁盟约，秦桧议和无效，恐怕要遭贬黜了。他为了弄清高宗对金兀术人的真正态度，就找了一位心腹大臣，前去试探。此人见到高宗，试探着问："金军长驱直入，陕、豫诸州陷落，张浚虽有陷州之责，但毕竟忠勇，尚可委以重任，使之领导抗金。"高宗听了此话，拍案大怒道："宁可亡国，我也不用此人！"

秦桧得到了这一消息，心也就放回肚子里去了。原来，张浚是一位坚定主张抗金的将领，失陷陕西诸州，并非张浚的责任，乃是由于金兵势大，高宗不用张浚，说明高宗并非真想抗金，还是希望议和。

但抗金名将岳飞在河南一带连打胜仗，使金军的十万人马死伤过半，收复了蔡州、郑州、洛阳等地。金兀术闻岳家军到来，有闻风丧胆之势，很多金将已准备降宋。在这种形势下，岳飞准备乘胜追击，他豪迈地与诸将说："直捣黄龙府，与诸公痛饮耳！"

前线的胜利却吓坏了秦桧和高宗。秦桧怕金兀术向他问罪，高宗在经历了苗傅和刘正彦两位将军的叛乱之后，也心有余悸，深恐将领势大，难以探制，所以也不愿岳飞继续北上。正当岳飞雄心勃勃地准备大举进攻之际，秦桧却以高宗的名义命令刘锜、岳飞"择日班师，不可轻进"。不久，岳飞又在朱仙镇大败了金兀术，准备渡过黄河，乘胜追击。

秦桧慌了手脚，在一天之内，连下了十二道金牌，催逼岳飞撤军。岳飞无奈，只得仰天长叹，痛惜十年之功，毁于一旦。

宋高宗绍兴十一年（1141 年）四月，秦桧以明升官职、暗夺军权的办法把韩世忠、岳飞、张俊召入朝廷，"论功行赏"，任命韩世忠、张俊为枢密使，岳飞为枢密副使，削去了他们的兵权。金兀术听到了南宋这一自毁长城的消息后，十分高兴，当即又做出一副重整军马、进攻南宋的样子，威胁南宋把淮河以北的土地全部割让给金国，并要杀掉抗金最为坚决的将领。

于是，秦桧开始精心组织安排，准备杀掉岳飞等人。他先派谏官万俟卨制造、收集伪证，然后又串通张俊，收买了岳家军的重要将领张宪的部将王贵、王俊等，令王贵、王俊诬告张宪和岳飞的儿子岳云，把张宪和岳飞捕入狱中。在送交高宗的"罪证材料"中，有一封伪造的书信，其中有岳飞令张宪举兵之辞，高宗看了，惊惧不已，立即批准逮捕岳飞。

岳飞被人骗入大理寺，他看到岳云、张宪遍体鳞伤，不禁怒火中烧。他袒出脊梁，露出母亲所刻的"精忠报国"四个字，在场诸人无不震惊。问官何铸在审查材料时见所告不实，就向秦桧请求撤销此案。秦桧当然不肯，把案子转交死党万俟卨审理。岳飞等人虽经严刑拷打，始终一言不发。在迫害岳飞的过程中，秦桧已代表南宋同金兀术签订了"和约"，规定两国以淮水为界，割唐、邓二州与陕西诸地；岁贡银两、绢匹各二十五万；北方人流寓江南者，任其归回旧地。高宗不仅满口答应，还心存感激，连忙发誓同意，这就是宋金对峙史上的第二个"和约"，史称《绍兴和约》。

岳飞被关已两月有余，秦桧等人还是找不到足够的证据，在逼迫岳飞签字画押时，岳飞写下了"天日昭昭、天日昭昭"八个大字。后来，秦桧在老婆王氏的怂恿下，发出密令，将岳飞、张宪、岳云等人处斩。在行刑之时，还特嘱多设防卫，以免有人劫法场。对岳飞的亲朋友故旧，也不放过，杀戮流放，极尽迫害之能事。

秦桧就是这样一个十恶不赦的奸徒，他之所能兴风作浪，跟他纵奸有术大有关系。对于他的纵奸术，可以归纳为如下几个方面：

首先，他利用南宋积弱不振的局面和朝廷里多有主和派的情势来为金朝卖力。他还深深地抓住了高宗极怕迎还"二圣"或是金人让钦宗在北方立朝的心理，牵制高宗，让他乖乖地跟着自己走。即使有一时的不便，他也不丧失信心，而是等待时机。

其二，他严酷地迫害政敌，且必欲把对手置于死地而后快。例如，大学者胡铨任枢密院编修上书高宗，要求斩秦桧以谢天下，秦桧立刻把他流放昭州；后来陈纲上书附和胡铨，秦桧以借小故把他贬往当时称为"死地"的安远，使之死在贬所；邵隆对秦桧主持签订的《绍兴和约》很不满意，秦桧就先行贬官，再用毒酒毒死他。总之，秦桧对反对他的人毫不容情，被他杀死的人不知有多少。

其三，他善于见缝插针，造谣离间，拨弄是非，借此制造群臣间的矛盾，拉拢自己的势力。张浚本来是赵鼎好好朋友，曾推荐赵鼎做宰相，经过秦桧的离间，赵鼎跟张浚反目成仇，反去帮助秦桧排挤张浚。后来，赵鼎也被秦桧排挤，两人晚年在贬所相会，谈起前因后果，才知道为秦桧所骗。就这样，秦桧在朝廷之中竟能左右逢源。

其四，他发语不多，言出必中。他在与人讨论问题，一旦觉得对方反对自己，就住口不说，等对方说完，他寻找破绽，出语攻击。例如，大臣李光在讨论政事时顶撞秦桧，秦桧就沉默不语，等李光说完，秦桧才慢慢地说："李光没有做大臣的礼法。"结果使得高宗对李光十分不满。

其五，他严密防范，不使自己的名声受损。一次，秦桧举行家宴，请戏班子唱戏，在演戏的情节中，一演员头上的饰环落地，没有去捡，另一演员问道："那是什么环？"答道："那是二胜环（同徽、钦二帝还朝的"二圣还"谐音）"。另一演员就说："你坐了太师椅，为什么把'二胜环'丢在了脑后？"这话涉及秦桧，满座震惊。散戏后，秦桧就把演员找来，严加责打，并不准再演这出戏。在秦桧的晚年，他曾以"诽谤罪"，诛死了许多朝臣，受株连的贤人名士多达五六十人。

高宗绍兴二十五年（1155年），秦桧病死。他两次为相，长达19年之久。

第九章

奸诈之忍

秦桧能长久，不足为怪，因为奉迎、忍耐、欺骗是奸诈之人惯用的手法。对这种小人没有什么好说的，只是提醒人们要擦亮眼睛，尽快看清这种小人的本来面目。

和珅贪婪之忍

和珅大概是中国历史上最大的贪污犯。他与一般贪污犯不同的是，他不仅受到皇帝的信任，掌握着财权，还掌握着相当的军权和人事权。由于其多年的经营，已经形成了一个很大的关系网。处理这样的人，必须慎重，而且必须具有决绝的手腕。稍有不慎，就会引来不测之祸。

我们不排除和珅的聪明和奉迎手段，为了贪，什么都能忍，这也是事实。也许这是人性的弱点，但人们总该从中有所反思。

贪黩干政惹怒仁宗

清嘉庆元年（1796 年）正月元旦，太和殿举行了授受大典，清高宗亲将皇帝宝玺授予其子颙琰。颙琰正式即位为帝，是为仁宗，尊高宗为太上皇帝。但高宗归政以后，仍以太上皇名义训政，处理朝廷大事，还是实际的当权者。他经常御殿受百官朝贺或赐宴，仁宗完全处于陪侍地位。后来高宗崩，仁宗亲政，仅仅在四天之后，他下令将专权达二十余年的军机大臣和珅逮捕入狱，在不动声色中将其除掉。

和珅，姓钮祜禄氏，满洲正红旗人。先是当校尉，后因聪明敏捷，仪表俊伟，记忆力强，办事精明干练，深受清高宗乾隆帝的青睐。因此，他的官位越做越大，朝廷上的兼职越来越多。从乾隆四十年（1775 年）至嘉庆三年（1798 年）的 24 年间，历任内务府大臣、户部尚书、兵部尚书、文华殿大学士、京师步军统领、军机大臣等职。他还因长子丰绅殷德娶了高宗第十女和孝固伦公主，而成为皇亲国戚。这样，和珅在乾隆一朝，可以说是位极人臣，权倾朝野。

然而，和珅不是一个正直的官吏，他充分利用自己手中的权力，独断专行，行事飞扬跋扈。他曾行文各省，要求凡有奏折，先将副本呈交军机处，由其过目批示后然后再奏闻皇上。他还遍置私党，对于不附于自己的人，就在乾隆帝面前进谗言，加以陷害。

和珅是清代中贪黩之风的总根子。当时，朝廷内外文臣武将侵亏公款，聚敛行贿蔚为风气，动辄数十万甚至上百万两银之多，追根溯源，都以和珅为后台。仁宗嘉庆初年，在镇压川、楚、陕白莲教大起义的过程中，各路将帅虚报战功，冒领粮饷，也是以和珅为后台的。和珅自己当然更是竭力聚敛，当政十二余年，搜刮的财富的总价值可达亿两白银。

和珅处处老谋深算，仁宗当皇子时，被高宗选为储君，和珅事先密知此事，在定储位诏书发布的前一天，送给仁宗两柄如意，其意暗示他的继位完全是自己拥戴的结果。和珅想以此邀功，继续在下一个皇帝那里得到宠信。这种做法使仁宗极为恼火。

在高宗以太上皇的身份训政的时候，和珅实际上成为决定乾隆意旨的人，专擅更甚，满朝文臣武将侧目而视，甚至嗣皇帝都不得不畏惧几分。嘉庆三年（1798 年）春天，仁宗发布上谕，决定在冬季举行大阅典礼。然而，和珅代高宗下了一个相反的谕旨，说："现在川东的教菲虽将剿除，但健锐营、火器营官兵尚未撤回，本年不宜大阅。"这样一来就给人们造成了一个印象：皇帝决定的事，太上皇可以轻易否决，而太上皇所作的决定，皇帝不能改变。谁都知道，太上皇的决

第九章
奸诈之忍

定多半是和珅怂恿的结果。还有，一次宴席上，和珅奏请高宗减掉太仆的马匹，这实际上会影响到皇帝的乘骑，因此仁宗很不高兴，自言自语地说："从此不能再乘马矣。"

仁宗有事要奏报太上皇，也须由和珅代转，这样两人之间就没有什么秘密可言。但是，仁宗是一个很有心计的人，尽管他对和珅的行为十分不满，在外表上却不动声色，任和珅所为而从不加干涉，甚至故意显示出对和珅十分尊重的样子。如果碰到和珅以政令奏请皇旨，总是说："惟皇爷处分，朕何敢与焉。"所以，当时人均称赞仁宗说："自即位以来，知和珅之必欲谋害，凡于政令，惟尔是听，以示亲信之意，俾不生疑惧，此智也。"

多年搜刮一朝覆灭

仁宗这样做，一方面麻痹了和珅，又瞒过了太上皇高宗，博得了仁、孝两全的美名。嘉庆四年（1799 年）正月初三日，清高宗乾隆帝病逝，仁宗亲政。初四日，他命令和珅和户部尚书福长安昼夜守值殡殿，不得擅自出入，其实，这就限制了和珅的自由，也就等于剥夺了和珅的军机大臣、九门提督之职。接着，他又下了一道谕旨，暗示由于内外文武大臣通同为弊，在剿办白莲教起义的过程中丧师辱国，有的大臣视朝廷法律犹同儿戏，长此以往，国体何存？威信何在？且查历年兵部，国家坐耗巨饷，非养兵也，乃为权臣谋耳，希望各部院大臣要着实下力查办。此旨一下，给事中王念孙等人心领神会，明白皇帝要惩治和珅，立即纷纷上疏弹劾和珅。于是，仁宗下令将和珅革职，逮捕入狱，并宣布他的二十大罪状。

逮捕和珅，从他的家里搜出了大量钱财珠宝，其数量之大，实在令人瞠目结舌，是当时清廷数年财政收入的总和。

由于和珅罪行重大，仁宗起初要将和珅凌迟处死，但由于皇妹和孝公主再三涕泣求情，加之大臣董诰、刘墉等人的劝阻，最后决定赐令和珅狱中自尽，并将没收的和珅家产赐给宗室，故而民间流传着这样的谚语："和珅跌倒，嘉庆吃饱。"

和珅被处决后，其党羽和一些亲近的官员皆惴惴不安，害怕受到连累。有的朝廷大臣也上疏主张追究余党。为了安定人心，仁宗为此发布上谕说，和珅专擅蒙蔽，罪在和珅一人，其余一时失足者，只要痛改前非，既往不咎。此谕一下，人心大定。

铲除和珅然没有经过什么惊心动魄的大斗争，但其间也存在着相当的风险。当时，全国各地烽烟遍起，由于和珅的长期经营，其党羽遍布朝野，如果处理不当，就会出现为渊驱鱼、为丛驱雀的局面。一旦如此，朝廷将会四面树敌，虽不致有多大的危险，起码也要多费手脚。而仁宗筹划若定，在不动声色中举重若轻地除掉了和珅，实属不易之举。

第九章
奸诈之忍

和珅不善忍，不懂善收之理，能够得到一代君王的宠爱，不一定同样得到下一代君王的宠爱。巴结、奉迎、趋炎附势，往往为他人所看不惯、所妒忌，何况是未来的皇上。当然，我们不是在这里为和珅叫不平，其实，这正是人性的弱点，贪得无厌、善舞不善收。

吴三桂野心之忍

天下惟有德者居之，"皇帝轮流做，明年到我家"不过是土匪说法罢了。但是很多所谓的"英雄"却奉行了这一原则。吴三桂为此忍了多年，野心既已暴露，于是乎匆忙登基，在一片责骂和打击声中又匆忙而去。应该说，吴三桂的忍完全是为了其政治野心。

为私仇引清兵入关

明末清初的吴三桂在历史上也算是"赫赫有名"。他本是明末重臣，却不知为国尽忠，一心想着自己的政治前途。他翻手为云，覆手为雨。失意时，势孤不惜屈尊，攀附以求援，这是他的忍；得意时，不可一世，不择手段置对手于死地，这是他的狠。这一切都为了一个目的，要当皇帝。这就是隐忍无常的吴三桂。

吴三桂本是明代崇祯的总兵。他与其父吴襄、舅父祖大寿都是辽宁省东一带屈指可数的名将。明朝到崇祯时，连年战争，内外交困。关外有清军的威胁，他们的兵锋直逼明朝的都城北京；关内有李自成农民起义军分三路的排山倒海之势。就在大明江山危在旦夕之际，崇祯帝封吴三桂为平西伯，随即命他率军据守山海关以卫北京。

然而吴三桂接到崇祯的诏命后，虽然率千万精兵向西进发，但行军极为缓慢。从宁远到山海关仅隔200里，若昼夜兼程一天可到，可吴三桂却在这段短短的路程上走了将近半个月。其意在边走边观察政局的变化，以见机行事。可见他对朝廷怀有异心。

当吴三桂得知李自成攻陷了京城、崇祯帝在煤山自缢的消息时，作为朝廷的重臣，不是为大明江山去考虑，也不为民族的安危去考虑，而是着眼于自己个人的前途。

李自成收降明廷定西伯唐通后，就立刻不失时机地委派他率其所部并带着大量金银财宝，利用其昔日同朝供职的关系，去招抚吴三桂。唐通在他面前赞扬李自成开明贤德，并许愿：如归顺后，父子一定封侯。李自成还委托其父吴襄亲自写信劝降，并派人携带千万白银犒赏吴三桂所部官兵。吴三桂决定投降李自成。遂把山海关交给唐通镇守，自己率所部进京晋见李自成，并声称朝见"新主"。

然而吴三桂带领大军走到永平西沙河驿站时，遇见从京都逃出来的家人，听说家父吴襄被农民军俘虏并遭拷打，爱妾陈圆圆被刘宗敏占有，顿觉奇耻大辱难忍，怒不可遏地喊道："大丈夫不能保一女子，有何面目见人！"并咬牙切齿地发誓：不消灭李自成，不杀掉刘宗敏，难平心头之恨！于是调过马头攻击山海关，唐通大败而逃，随即杀了农民军使者李甲祭旗，誓与李自成决战到底。吴三桂的脑袋似乎装着轴承，转得快，降而复叛。前脚称李自成为新主并率部进京朝见，后脚便坚决与之为敌，誓不两立。竟然如此翻手为云，覆手为雨，瞬息万变。

李自成为了再次争取吴三桂，又派使臣带着其父的手书与大量金银前去劝他不改初衷。可是狡诈的吴三桂却耍了一个手段：他估计自己降而复叛之举必然惹怒李自成亲率大军来讨伐。于是，一面收下李自成的礼品，分给部下，表示还愿归降，并放回使臣复命以示诚意，实际是以诈降手段稳住农民军，另图良策；另一面却亲自修书派人递

第九章
奸诈之忍

交清军，攀附乞援。清军统帅多尔衮心领神会，等着吴三桂自愿上钩。

李自成率军抢先进攻了山海关，命随军来的吴襄在阵前出面致书劝其子归降。然而此一时彼一时，现在的吴三桂已同多尔衮达成协议，有恃无恐，断然回绝："父亲叛国投贼，既然不能成为忠臣，三桂也难成孝子，自今日起，三桂与父决裂。如果父亲不早日图反，贼虽置父鼎煮诱三桂，三桂也不顾！"

李自成见吴三桂已铁石心肠，顽抗到底，于是下令向吴军开战。面对农民军排山倒海般的攻势与重围，吴三桂惊恐万状，急得如热锅里的蚂蚁，一连八次派使臣向多尔衮乞援。可多尔衮却按兵不动，袖手静观。吴三桂被迫垂死挣扎，朝农民军杀出一条血路，突围逃离山海关，奔命于关东门外欢喜岭上的威远城清军大营。多尔衮坐在军帐中"直钩钓鱼"，终于等来了吴三桂。他在封地、封王的诱惑下，居然甘心忍受屈辱，剃成满族男人的发型，向多尔衮称臣。据说，威远城这座小小的城堡，就是吴三桂当年亲自监督建造的。如今只剩下颓垣断壁，空场虽被垦为田地，却以吴三桂曾于此剃发降清而闻名中外。

吴三桂降清后，引清兵由山海关入主中原，从而使中原、江南乃至全国的广大黎民百姓在八旗劲旅的铁蹄下备遭凌辱。

割据一方伺机谋反

吴三桂归降清军后又是如何翻云覆雨策划反清的？原来他降清后一直是"身在曹营心在汉"，表面上对清廷俯首贴耳，其内却是包藏祸心的。他煞费苦心勾结朝臣，并极力物色、收买心腹，肆意挪用公款在云南囤积居奇，招兵买马，准备伺机造反。

时逢平南王尚可喜因年迈多病，上奏朝廷请求撤藩，告老还乡。康熙帝以为正中下怀，当即准奏。却不料，康熙这一决定起到了敲山震虎的作用。当时，吴应熊正在北京，得知这一信息，立即飞马昼夜兼程赶到云南，告诉父亲吴三桂与靖南王耿精忠。他们大为震动与恐慌。于是，狡诈的吴三桂又玩弄手段：他与耿精忠联手假惺惺地向朝廷上书，请求撤藩，并在奏折中用了一些"仰垦皇仁，撤回安藩"之类皇上喜欢听的辞句，其实，意在试探康熙的态度。

殊不知，康熙巴不得吴三桂等能有此举，将计就计，批准了他们的请求，当即下了三藩同时撤的诏书，遂派出使臣，分头催促三藩从速撤掉。

吴三桂等人接到撤藩的诏书才后悔弄巧成拙，还面临着朝廷使者的催促与监督。只得一边伪装谨遵诏书，积极撤藩，敷衍使臣，一边背地里加紧策划谋反。使臣见吴三桂一再借口拖延时间，就是不肯付诸撤藩的具体行动，便要回朝复命。吴三桂唯恐谋反败露，一时又无良策笼络使臣，便图穷匕见，除掉了朝廷使臣和云南巡抚，决定以武力对抗朝廷，来维护自己割据一方的势力。于是悍然举起叛旗，自封为"天下都招讨兵马大元帅"。继而，耿精忠、尚之信也随之造反。这就是吴三桂忍了多年的野心，其结果是落得遗臭万年的骂名。

第九章
奸诈之忍

如果吴三桂为明王朝战死沙场，可能会是另一番结果，但吴三桂最终降清。当然我们不反对吴三桂降清，可问题就出在他对谁都没有真心降服过。他的政治野心就是自立为王。大乱之后必有一治，人们不渴望战争，渴望和平，所以吴三桂的做法很难顺应民意，其失败也就不为怪了。

第十章　磨难之忍

　　并不是每个想成就一番事业的人都要经过一番磨难，但要想成就一番事业必须要忍受住磨难。在几千年前，中国的亚圣孟子就此作了最好的论述：故天将降大任于斯人也，必先苦其心志，劳其筋骨，饿其体肤，空乏其身，行拂乱其所为，所以动心忍性，增益其所不能。

重耳忍受磨难成霸业

　　凡是有作为的人没有不是经过了一番艰难曲折的磨炼的，所不同的是，他们经受磨炼的方式有所不同罢了。磨难与忍耐的辩证关系很独特：经受磨难才会有忍耐，如果经受不住磨难，便没有忍耐之说。磨难之下的忍耐不是懦弱，而是一种勇气和智慧，只有磨难才能历练出这种勇气和智慧。

晋国内乱重耳流亡

　　在春秋五霸中，晋文公重耳是最为独特的一个，他即位于多事之秋，受命于危难之际，但他能明察世事，洞烛幽微，在六十多岁时即位，短短的几年内就使晋国强盛起来。他之所以能够迅速取得这样的成就，主要得益于他的曲折丰富的人生经历。

　　晋文公成功的最大特点是以退为进。第一次以退为进是为避祸在外逃亡了19年，后来终于回国当了国君；第二次以退为进是在与楚进行城濮之战时退避三舍，终于赢得了战役的胜利，确立了他的诸侯霸主地位。这种靠以退为进而成就千秋霸业的事例，在中国历史上恐怕是绝无仅有的一次。

　　在晋文公的父亲晋献公之前，晋国就经历了近七十年的战乱。晋献公晚年又犯了一个巨大的错误：惟夫人之言是听。这虽是一般国君爱犯的通病，但对晋国来说带来的灾难尤其深重，不仅使晋国遭受了20年的动乱之苦，还差点弄得晋国土崩瓦解。

晋献公有五个儿子：正妻武姜生了太子申生，大戎子狐姬生重耳，小戎子生夷吾，骊姬生奚齐，骊姬的妹妹生卓子。因为晚年的晋献公十分宠爱骊姬，就立骊姬为后。骊姬与献公的宠臣梁五、东关嬖五等人互相勾结，企图立骊姬之子奚齐为太子。

骊姬先是借守卫边防重地为名把太子申生派到曲沃，把重耳派到蒲，把夷吾派到屈，一个个地排斥出了国都，这样，诸公子的力量就分散而不能救援，形不成气候，只有骊姬和她妹妹的儿子奚齐、卓子留在献公的身边。那么，骊姬的第二步措施就是逐个除掉诸公子了。

骊姬先诬陷太子申生。申生却是个忠诚而又十分懦弱的人，他明知骊姬想害他，但他认为父亲年纪已长，离不开骊姬的服侍陪伴，也就不必去辩白，干脆逃回曲沃自杀了。重耳和夷吾看到骊姬如此阴险狠毒，就赶紧逃离国都。重耳一直逃到了他的外祖母家狄国，公子夷吾则逃到了梁国。奚齐成为了太子。

不久，晋献公病死，奚齐即位。大臣里克和邳郑在吊孝时把奚齐杀了，拥立奚齐的大臣荀息。但荀息为报答献公的知遇之恩，又立卓子为国君，里克又杀了卓子和荀息。骊姬的一番心血完全付诸东流，也在绝望中自杀了。

晋献公的五个儿子，死了三个，跑了两个，晋国成了一个没人管的国家。秦穆公的夫人是太子申生的妹妹，她恐怕父母之邦灭亡，就天天催促秦穆公帮助晋国快立新君。秦穆公极有心计，他想试探夷吾和重耳哪一个更合适，就派公子絷去向这两位公子吊孝。公子絷先去狄国慰问重耳，对他说："现在晋国无君，你应赶快回去即位，去晚了就被夷吾抢去了。"重耳流着泪说："父亲去世了，做儿子的悲伤还来不及，那能丢先人的脸呢？"他谢绝了秦国的好意。公子絷又去见夷吾，夷吾没有流泪，而是对公子絷说："敝国的大臣里克和邳郑答应帮助我，事成后我分别给他们上等田百万亩和七十万亩，贵国如果能帮助我，我愿把河外的五座城当做谢礼。"公子絷回去对秦穆公描述了这番状况，大家一致认为重耳贤良。如果立夷吾为君，他一定会把国家弄糟，秦国可从中捞到好处。恰巧齐桓公也愿立夷吾为君，他们两国就共同出兵送夷吾回国即位，是为晋惠公。

夷吾果然十分狡诈残忍，他先杀了大臣里克，又杀了邳郑等十多人。在安定了内部后，他认为重耳在外总是一个心腹大患，就派人刺杀重耳。

流浪数载回国继位

重耳在狄国住了12年，晋国有才能的人也跟他跑到了狄国，其中比较著名的有狐毛、狐偃、赵衰、胥巨、狐射姑、先轸、介子推、颠颉等人，他们大都在狄国娶妻生子，看样子要长期住下去。

一天，狐毛、狐偃接到了在晋国做大臣的父亲狐突的信，说是有人要来刺杀重耳。重耳听后急令从人收拾东西准备逃走。重耳对他的妻子季隗说："如果过25年我不来接你，你就改嫁吧。"季隗说："好男儿志在四方，你就走吧。我现在已经25岁了，再过25年就是50岁的老太婆，想嫁也没人要。你不必担心，尽管走吧，我等着你。"重耳正要启程，忽报刺客提前一天赶来。重耳十分惊慌，转身就逃，但掌管行李的人携物逃走，使得重耳一行人不得不到处求乞。

他们准备到齐国去，但去齐国必须先经过卫国。卫国在造楚丘时晋国没有帮忙，卫君心生怒愤，况且重耳是个落难公子，卫君就吩咐城门卫兵不让重耳进城。重耳一行只好忍饥挨饿，绕城而去。在经过五鹿这个地方时，看到几个锄地的农人正蹲在田头吃饭，重耳就叫狐

偃去跟他们要一些饭吃。农人们看见是一群官老爷，心中有气，说农民们成天饿肚子，没有东西伺候他们，就从地里拿起一个土块递给狐偃。随行人脾气暴躁，提起马鞭要打，狐偃却连忙拦住说："老百姓送土地给我们，就象征着我们将来一定会重回晋国，得到国土，这可是吉兆啊！"重耳这才与大家一起前行。

当重耳饿得头晕眼花的时候，介子推却拿来一碗肉汤，重耳也不管三七二十一，一口气喝了个精光，喝完了才知道那肉是从介子推的腿上割下来的。重耳感动得不知怎样报答才好，介子推却说只要重耳能回国干一番事业，自己腿上疼一点毫无关系。

重耳一行忍饥挨饿地来到了齐国，齐桓公热情地招待他们，并把自己的一个本家的姑娘齐姜嫁给了重耳，他们就在齐国住了下来。齐桓公死后，桓公的五个儿子争位，把齐国弄得一团糟，齐国霸主的地位从此失去，连齐国自己也归附了楚国。重耳等人本是希望借助齐国的力量回国，看看没了希望，重耳的随从就打算离开齐国，到别的国家去想办法。但这时重耳正跟齐姜如胶似漆，不愿离开。重耳的部下就嫌重耳太没出息，商议着借打猎的机会把重耳骗出城去，强行挟走。这话被齐姜的丫环听见了，报告了齐姜。齐姜却很关心重耳的事，主动找到狐偃等商量，说把重耳灌醉后抬出城去挟走。等重耳在大醉中醒来时，发现自己躺在行进中的车上，立即明白了是怎么回事。但事到如今，他也只好听从部下的安排了。

就这样，重耳来到了曹国。曹国国君只让他住了一夜，而且很不客气，还戏弄他们。唯有曹国大夫见重耳手下人才众多，日后必成大事，就暗暗地施以饭食，赠以白璧。

重耳一行又来到宋国，宋襄公虽刚打了败仗，但对重耳还是十分欢迎，就送他们每人一套车马，只是没有力量帮助重耳回国。

不久，他们又到了楚国，楚成王把重耳当贵宾接待。重耳对楚成王也十分尊敬，两人成了好朋友。当时，楚国大臣子玉要杀掉重耳，以除后患，但被楚王阻止了。

在一次宴会上，楚王开玩笑说："公子将来回到晋国，不知拿什么来报答我？"重耳说："玉石、绸缎、美女你们很多，名贵的象牙，珍奇的禽鸟就出产在你们的国土上，流落到晋国来的不过是你们的剩余物资，真不知拿什么来报答您。如果托你的福能回到晋国，万一有一天两国军队不幸相遇，我将后退三舍来报答您。如果那时还得不到您的谅解，我就只好驱兵与您周旋了。"

不久，秦穆公派人请重耳到秦国，说是要送他回国即位。原来，秦穆公当初打算立晋惠公，认为对自己有利，结果事与愿违。晋惠公对秦国多次忘恩负义，即位不久即发兵攻打秦国。秦国兵强势大，打败了晋国，并俘虏了晋惠公，后来秦穆公还是将晋惠公放了回去，但让他把儿子公子圉送到秦国当人质。秦穆公善待公子圉，把自己的女儿嫁给了他。后来秦国灭了梁国，梁是公子圉的外公家，他怕自己失去了靠山无法即位，于是在父亲病重时偷偷地跑回晋国当了国君，秦穆公十分生气，决定送重耳回国即位。

秦穆公非常重视重耳，要把过去曾嫁给公子圉的女儿改嫁给重耳。这时公子圉已即位，他觉得自己的最大敌人就是流浪在外的伯父重耳，于是下了一道命令，让重耳及其随从的家属写信召他们回来，过期三月都犯死罪。狐偃、狐毛的父亲狐突因不愿写信已被杀害了。公子圉还在国内屠杀大臣，弄得人心离散。秦穆公知道这一情况后非常生气，又见时机已到，就决定派兵护送重耳回国。

公元前636年，秦国大军到了秦晋交界的黄河。过河的时候，重耳掌管行李的人把过去落难时用的物品全搬到了船上，重耳见了，就让他扔到河里。狐偃赶忙跪下说："现在公子外有秦军，内有大臣，我们放心了。我们这帮老臣就不必回去了，就像您刚才扔掉的旧衣服

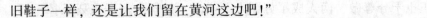

旧鞋子一样，还是让我们留在黄河这边吧!"

重耳一听，恍然大悟，立刻让人把破衣服、鞋子、瓦盆等搬上船去，并把玉环扔到河里。行过祭祀河神之礼后发誓说："我重耳一定暖不忘寒、饱不忘饥，不忘记过去的一帮旧臣。"这样，狐偃等人才跟随他过了河。

他过黄河后攻下几座城池，因为公子圉已众叛亲离，晋国的大臣们就不再抵抗，迎立了重耳，就是晋文公。

退避三舍终成霸业

晋文公43岁逃往狄国，55岁到了齐国，61岁到了秦国，即位时已62岁了。他在外流浪了19年，虽说也有一段安定的生活，但总的来说过的是寄人篱下、颠沛流离的日子，受尽了人情冷暖之苦，尝尽了世间的酸甜苦辣，见识了各国的政治风俗，锻炼了各方面的才能，到这时，他已成为一个成熟的政治家了。

晋国经过近二十年的折腾，到了这时人心思定，晋献公的五个儿子中也只剩重耳这一个了，又加上重耳有好名声，所以，重耳即位确是理所当然，人心所向。

重耳即位后的第一件事就是安定人心。他下了一道布告，说是惠公、怀公时的乱党头子全已消除，其余概不追究，并作出了示范，使众人相信。第二件事是大封功臣，跟他逃难的大臣各表功绩，论功封赏。唯有介子推未言割肉煮羹之功，文公就忘了封赏他。介子推也不争辩，和老母一起到介山隐居去了。第三件事是安定周王室，赶走了狄人，迎回周襄王。因此，重耳在诸侯中建立了威信。

接下来，晋文公要做的事就是争霸诸侯了。他首先扩大军队的编制，实行军政合一的制度，并首开以法制军的先例。楚国本想挫败晋国而成就霸业，可现在却被晋国争取了那么多的国家，楚王就派大将子玉统率军队进攻晋国。

晋文公忧心忡忡，他看到楚军来势很凶，就连忙下令让晋军"退避三舍"。当时，30里为一舍，退避三舍即后退90里。晋军军士很不理解，狐偃就让人向军士广为宣传，说这是文公为了报答楚王的恩惠，实现以前的诺言。而实际上，这是激将之法，激励晋军士气，树立文公的威望。从军事学角度看，晋军后退可疲惫楚军，避开楚军的锐气。因此，晋文公的"退避三舍"以退为进的策略，实在是一箭双雕的高明之举。

其结果是楚军大败，子玉畏罪自杀。晋文公听到这一消息后，如释重负地长吁了一口气说："没有人再能妨碍我了！"从此，晋文公的霸主地位确立了。

纵观晋国由乱到治的过程，确是引人深思的。晋文公及其随从19年的磨炼，为他创造霸业准备了良好的主观条件，所以，晋文公称霸并非偶然的现象，是由各方面的因素积累的结果。

其次，晋文公善于以柔克刚也是十分重要的。中国人对以退为进的处世方式向来是很重视的。在客观条件不允许的情况下，如果硬去蛮干，那只能变成一个莽汉，结果也只能是自讨苦吃。如果能够尊重客观事实，采取策略上的让步，取得喘息、休整、积蓄力量的机会，往往能够收到极好的效果。当然，"以柔克刚"的目的是"克"，而不是一味地"柔"；"以退为进"的目的是"进"，而不是一味地"退"。如果只讲"柔"和"退"，那就变成了逃跑主义和失败主义了。重耳在流浪中始终窥伺时机，以求一逞，在城濮之战中以后退的方式鼓励了士兵，制造了舆论，懈怠了敌军，都是为了"克"和"进"，是很高明的制胜之道。然而，要达到这样的境界，确实是需要经过孟子所说的那样的精神和肉体的磨炼历程的。问题是，又有多少人能够经得

起这样的磨炼？

重耳的故事告诫人们在磨难面前不要消沉。历经磨难并不一定是坏事。当磨难来临，不要退缩，要敢于面对。因为受过大难之人，方会有大志。

唐玄奘坚忍求佛法

提起唐僧取经，在我国几乎家喻户晓，人人皆知。古代四大名著之一的《西游记》，记述的就是唐僧取经的故事。现实中的唐朝法师玄奘不是小说中所描绘的那样胆小怕事，他个性坚韧，矢志不渝。他那百折不挠、不怕艰难、不怕牺牲的求学精神已成为一种进取的象征。他不仅是中国和南亚诸国友好交往和文化交流的象征，而且是国际上学者一致公认的杰出的旅行家、翻译家和佛教哲学家。坚忍不拔的个性使玄奘取得了杰出的成就，这种个性有一部分是与生得来的，但更多因素是后天培养的。

经得住艰难困苦何以成功？皆因忍耐能成功！忍耐何以成功？目标明确、信仰坚定、矢志不渝的追求方能成功。

历尽艰辛西行求法

25岁那年，玄奘离开长安西行，开始了远涉异国的万里孤征。然而，摆在他的面前，困难重重：首先，朝廷严禁人们擅自出关，闯关出国，谈何容易；其次，玉门关外广漠的地带，都在西突厥可汗的控制下，要通过这一地带，必须获得可汗的允许和支持；再次，绕过巍峨的峻岭，取道中亚五国，还要经历险峻的铁门关，翻大雪山进入印度。玄奘既不熟悉路径，又无人带路，何况途中还要经过八百多里的大沙漠。

没多久，玄奘所骑的马病死了，与他同来的两个侍从因惧怕困难也先后返回。在西行的路上，碰见一位老人。老人听说玄奘要一个人西行取经，便再三劝阻说："西行的道路极为艰险，在沙漠里以枯骨作为标记，成群结队的还迷失方向，何况你是单身一人，何必去冒这样的生命危险呢？"玄奘答道："我发誓西行，决不东退一步。虽死在途中，也决不后悔。"老人被他的坚定意志所感动，不再阻拦了，还将自己骑的一匹赤色马送给了玄奘。

经过两天的辛劳跋涉，终于进入伊吾国（今新疆哈密）境内。早就闻知玄奘大名的高昌（今新疆吐鲁番）国王曲文秦闻讯，立即派出使者将他迎入高昌国。曲文泰笃信佛教，敬重玄奘的学识和人品，非要将他留在高昌国供养一世不可。玄奘感谢他的盛意，然而到印度去的意志却是不可动摇。他说："我远游是为了求'法'，今虽被大王所阻，但只有骸骨可以留在这里。我的精神和意志大王是留不住的。"玄奘以绝食表示自己去印度求学的决心。曲文泰无奈，只得答应玄奘西行。

玄奘离开高昌国继续西行。一路高山峻岭，气候严寒，终日风雪纷飞，只见白皑皑的一片，上与云连，山径有时崎岖险峭，有时陡立万丈。山上没有一点干燥的地方，白天把锅子悬在半空煮饭，黑夜睡在冰上。就这样，他一路翻雪山，越戈壁，经碎叶城，渡阿姆河，登帕米尔高原，闯铁门关天险，历时一年，经过千辛万苦，九死一生，以他执着的追求，顽强的意志和不倦的奋斗，终于实现了自己的宿愿，来到了他昼思夜想，殷殷向慕的佛教发源地——古代文明中心之一的印度，成为第一个周游古印度的中国旅行家。

西行的成功，并不预示着玄奘求学经历的结束，更多的事等着他来做。摩揭陀国的那烂陀寺，自建立以来，已有好几百年了，经过历代的增修，规模宏大。它是当时印度最大、最壮丽的佛教寺院，佛教的最高学府，也是印度学术文化的中心所在。这里有许多精通各项学术的学者，收藏了浩繁的上乘典籍。玄奘就是在这里，留学整整五年。在这里，玄奘早晚不辍地潜心钻研，把全部结论摸索了一遍，通晓了它的全部内容，对印度的语言文字也下了一番工夫，为他日后的翻译工作打下了扎实的基础。

翻译经典功绩永存

五年后，36岁的玄奘并不以自己已经学到的知识为满足，他离开那烂陀寺，到印度各地去游学。印度的东部、西部、南部，到处都有他的足迹。他访问了各地的名师学者，虚心向他们请教。他阅读了各地的藏书，熟悉了各地的风情民俗。几年以后，玄奘再次回到那烂陀寺，主持全寺的讲习，这时他的学问已达到炉火纯青的境界了。第二年，一个婆罗门教徒来那烂陀寺挑战。他把从婆罗门经中找出的41条理论宣布为颠扑不破的真理，并以生命为赌注寻人辩论。在那烂陀寺无人应战的情况下，玄奘毅然出战，从容不迫地把那41条驳倒。当那

个羞愧的婆罗门信徒自愿认输受死时，玄奘宽厚地赦免了他。此举为玄奘赢得了巨大的声名。

玄奘在印度留学 15 年，游历七十多城，他常常是白天游历调查，晚上在油灯下攻读佛教的各种经典，博览佛教群书，学业大有长进，成为第一流的佛教学者。公元 642 年，玄奘出席了在戒日王的都城曲女城举行的经术讨论会。参加盛会的有 18 个国王、数千名佛教僧侣和婆罗门教徒。在这个大会上，玄奘以主讲人的身份，发表了他的超众的佛学论文——《制恶见论》。按照当时的习惯，戒日王发表声明：如有人在论文中挑出一个字的毛病，就斩论主的头向大家谢罪。然而，在 18 天的大会中，没有一个人得出相反的意见，辩论结束那天，玄奘按惯例坐在大象上，在万众的欢呼声中绕场一周向人们致礼。从此，玄奘名震印度，万千的印度学者为他所折服。在这里足可以显示出玄奘的刻苦钻研精神和高超的学术水平。

第十章　磨难之忍

曲女城大会闭幕，玄奘已 42 岁了。他虽身在国外浪迹 15 载，但内心却一直萦怀着遥远的祖国。

从印度回到长安，征尘刚去，他就开始对带回的 657 部经书进行大规模翻译。他态度十分严肃认真。每当他决定翻译某一部经典之前，总要先搜集齐各种不同的译本，精细地进行校勘比较，然后才肯动笔。玄奘唯恐自己的生命有限，完不成所带回佛典的艰巨的翻译工作，就夜以继日地工作。他每天都订有工作计划，不肯虚耗半点光阴。他深夜三更才就寝，而五更时即起身，把所要翻译的经典先诵读一遍，并用朱笔加以圈点句读，准备在白天翻译。每天饭后和黄昏时候，他都要讲解新的经论，还要应付从四面八方来向他请教的僧众和学者。

时光荏苒，由于玄奘早年苦学，过度疲劳，取经途中又历经了跋涉艰辛和十多年来孜孜不倦的翻译劳累，他的健康深受影响，时时心胸绞痛，然而他并不以此介怀，一面医疗，一面加紧翻译和讲学工作。

公元 664 年，他已是 65 岁的老人了，正月初一，他一手按捺着阵阵绞痛的心，一手提笔翻译《太宣积经》，刚写了几行，身体便支撑不住，从此永远地离开了人世。

玄奘从开始翻译佛经那天起，直到他死前的第 27 天为止，20 年间"虔诚不懈，专思法务"。这期间，他除了有一次回家乡看望同胞亲姐姐外，从没有离开过自己的岗位。他一生总共译出佛经 75 部，1335 卷，约有 1300 多万言。他还亲笔写出 12 卷《大唐西域记》，为后人留下一份极为宝贵的文化遗产。更为可贵的是，玄奘还给后人留下了艰苦卓绝的求知精神。

这里的唐僧已不是《西游记》里的唐僧，更不是神话。今天人们之所以没有忘记他，一是他的学术贡献；再有就是他为后人留下的求学意志和恒心。从玄奘身上人们似乎真的相信了或看到了古人"头悬梁、锥刺股"的那种学习意志了，更使人知道了矢志不渝的巨大力量。

第十一章　为官之忍

　　为官的学问不在功而在于忍，在传统封建官场，功高震主、权大压主、才大欺主，这就是所谓的伴君如伴虎，要想把虎当猫戏，你就得懂得虎的习性，敢于在虎高兴时摸摸虎的屁骨，如果老虎生气时，你就得把如果真是这样就危险了，最好的办法是夹起尾巴做人，一个字——忍！

范雎功成知隐退

在传统社会里，"齐家、治国、平天下"，是人们的理想。但"历史经验"告诉我们做事不要太彻底，在官场上信奉"功成身退，天地之道"；战场上讲究"穷寇勿追"；商场上讲究"见好就收"，如此可谓中庸之道了。老子曰："功成、名遂、身退，天地之道。"这的确是中国传统官场上的存身自保之本。

秦昭王优容范雎

范雎作了秦国的国相，屡献奇谋。秦昭王视范雎为股肱之臣。后来范雎保举郑安平率军攻赵，郑安平因领军无方，被赵军包围，遂率两万士卒降赵。昭王大怒，族灭其家。按照秦法，被保荐者如若犯罪，保荐之人应受同等的刑罚。因此，范雎应处以拘捕三族之罪。范雎十分恐惧，坐于草垫之上听候昭王发落。昭王还要依靠他，恐郑安平的事伤了范雎的心，便再三抚慰范雎，仍令复职。当时，群臣议论纷纷，昭王就下令道："郑安平之事，与丞相无涉。有再敢言其事者，与郑安平同样论处。"于是，昭王待范雎比往日更加厚重，范雎甚觉过意不去。

秦昭王五十一年（公元前 256 年），秦攻韩，西周背秦，与诸侯

第十一章 为官之忍

合纵，率天下锐师出伊阙攻秦。昭王怒，派军攻打西周，取西周都城河南，西周的国君被迫降秦，人秦叩头谢罪，献城邑三十六，户三万。昭王受降，并把西周君迁离了故都，西周遂亡。秦灭西周不久，取九鼎宝器，陈列于秦国的太庙之中，布告列国，要求向秦国朝贡称贺，韩、齐、楚、燕、赵五国皆遣使入贺，独魏国使者未到，昭王大怒，就命河东郡守王稽领兵袭魏。王稽是范雎的故人，并靠范雎的保举做官，但他素与魏国通谋，接受魏国的财物，遂将此事告魏，魏王大惧，忙遣使入秦谢罪，听令于秦。后来，昭王得知王稽私通外国，盛怒不已，召王稽入都斩首。

自此，范雎愈加不安，常称病不朝。昭王每临朝而叹，范雎见到，便上前对昭王道："臣闻'主忧则臣辱，主辱则臣死'。今大王坐朝而叹，臣等不能为大王分忧，特此请罪。"昭王说道："寡人听说楚国铁剑锋利无比，歌舞技艺却很笨拙。铁剑锋利说明士兵尚武，不迷恋歌舞说明谋略深远。楚王谋略深远，统率着勇敢的士兵，恐怕就要图谋秦国。凡事如不及早做好准备，就不足以应付突然事变。如今武安君已死，郑安平叛变，外多强敌，而内无良将，寡人是以常忧。"昭王实际上是想以此激励范雎。范雎惭愧无已，愈加恐惧，只得退出。

秦昭王五十二年（公元前 255 年），燕国辩士蔡泽听说范雎在秦处境不利，便来到秦国。蔡泽是个十分聪明的人，博学善辩，曾游说诸侯，却一直得不到赏识。他先赴赵国，没有成功，遭到了驱逐。后往韩、魏，于野外被强盗抢走炊具。又闻听范雎保荐的郑安平、王稽，皆得重罪。范雎已违秦法，举措失利，觉得这是一个很好的机会，便西赴秦国。

蔡泽欲游说昭王，故意派人扬言激怒范雎道："燕国辩士蔡泽，乃是名扬天下的有识之士，特来求见秦王，秦王如若见我，必令我代彼之位，相印可唾手而得。"范雎闻言，很不服气，说："五帝三代之事，百家之说，我无所不闻，巧辩之士，遇我则屈，蔡泽乃无名之辈，何能难我，又岂能游说秦王，夺我相印呢？"于是派人去召蔡泽。

蔡泽说范雎隐退

蔡泽见到范雎，神态非常傲，仅向范雎拱手施礼，并不朝拜。范雎本来就非常恼怒，召见蔡泽，范雎既不出迎，亦不行宾主相见大礼，更不命坐，只是踞坐堂中会见蔡泽。他见蔡泽举止骄矜，便厉声责问蔡泽道："是你扬言取代我为秦国宰相吗？"

蔡泽昂首答道："正是。"

范雎道："你有何等韬略，可以夺我相位？"

蔡泽道："您的见识何以落后到如此地步呢？夫四时循环往复，前者退，后者进，如今您应该退隐了！"

范雎道："我不自退，谁又能令我退之？"

蔡泽道："以仁为根本，匡扶正义，施行恩惠，辅佐贤君实现自己的宏愿，难道不是我等聪明才辩之士所希望的吗？"

范雎道："是的。"

蔡泽道："既已得志于天下，富贵显荣，又能保守他的事业，能与天地一样长存，难道不是圣人所说的吉祥善事么？"

范雎道："是的。"

蔡泽道："终其天年，享受俸禄，传之子孙，名实相符，恩德流传广远，难道不是您的愿望吗？"

范雎答道："正是。"

蔡泽见他已经入彀，便将话锋一转，反诘范雎道："至于秦国的商鞅、楚国的吴起、越国的大夫文种，皆功成天下而身死，也是您所愿意的吗？"

范雎佯应道："有什么不愿意的。商鞅侍奉秦孝公，忠贞不二，变法图强，富国强兵，为秦国拓地千里；吴起侍奉楚悼王，令私下不损公，制订法令，废贵戚以养士卒，南平吴越，北却三晋，威慑诸侯；大夫文种侍奉越王勾践，即使君主处境困厄，也尽忠不懈，终使越国转弱为强，并吞吴国，为其主雪耻会稽之辱。这三人，为节义的典范、忠贞的准则，虽不得其死，却功垂天下，名传后世，大丈夫杀身以成仁，视死如归，何怨之有？"

蔡泽说："商君、吴起、文种作为臣子，所作所为为世人称道，而君主却错待了他们，三人功劳卓著得不到好报，难道世人会羡慕其冤屈而死吗？如果等到死后才可成名，那么，孔子就不配称为圣人，管仲就不配称为达人了。人们建功立业，难道不希望性命及声名俱全吗？故大夫立身处世，身名俱全者，上也；名传身死者，次也；名辱身全者，为下耳。"这一番话，正中范雎下怀，范雎只有点头表示赞许。

蔡泽进一步说："辅助君主，修明政治，富国强兵，使王室显赫，声威慑于四海，功业昭著天下，声名流传万代，您与商鞅、吴起、文种相比何如？"范雎道："我固不如。"蔡泽道："如今您的功绩和所受到的宠爱，比不上商鞅、吴起、文种，而您的俸禄多，地位高，财富超过他们，如不及时隐退，后果会比他们更惨。常言道：'日中则移，月满则亏，物盛则衰。'事物到了极点就要衰落，进退盈缩，须随时势变化，此为圣人处世之常道。您担任秦国宰相，计不下席，谋不出廊庙，坐制诸侯，威慑诸侯，功劳已达到极点了，如不隐退，就会落得与商鞅、吴起、文种同样的下场。我听说：'鉴于水者见面之容，鉴于人者知吉与凶。'古书上又说：'成功之下，不可久处。'商鞅、吴起、文种三人的灾祸，为什么您还要随呢？您如乘机交还相印，让给贤德之人，自己归隐林泉，既可以得到尧时许由和吴国季子辞让的美称，又可以得到商末伯夷、叔齐归隐的贤名，世世代代享受君王的俸禄，这样的结果和遭受灾祸的结果相比，您选择哪一种呢？"

蔡泽还要说下去，范雎已深为所动，忙起身离座，对蔡泽道："先生自谓雄辩有智，果然名不虚传。我听说：'欲而不知足则失其所欲，有而不知止则失其所有。'幸蒙先生指教，雎敬遵命。"于是，毕恭毕敬地请蔡泽入座，尊为上宾，又向昭王举荐蔡泽。昭王拜蔡泽为宰相，范雎也得以辞相隐退，安度晚年。

> 范雎的做法用今天的话来说叫"退居二线"，这也是中国人的做事原则。在中国传统的政治经营术上，绝对没有"背水一战"、"置之死地而后生"的习惯。如果是这样的话，那就只能"置之死地而后死"，绝无生路。相反，中国传统的"政治家'们往往是未思成，先虑败；未见进攻，先看退路，真所谓瞻前而顾后，一步三回头。

第十一章
为官之忍

陈平大忍掩小节

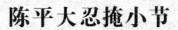

所谓小节即小的过失，大忍即大的智慧。身在官场切忌事事参与，只要一两件大事办得出色，自然是以大忍掩小节。最怕的就是小节在意，太忍不会，事事插一脚，结果被人踢。

陈平品行有亏

西汉的将军陈平，出身贫苦。小时候，家里穷，一家人要过日子，陈平自己又爱念书，所以得找一个差使干干。每逢节日庆典，杀猪宰羊，陈平就充当屠户的助手，从那里得到一点报酬。他技艺不错，心肠又好，分得很公平，乡亲们都称赞他。小小年纪的陈平一点都不谦虚，他说："这算什么。如果让我宰割天下，我也会像干这件事一样好。"

后来，天下大乱，陈平瞧准机会投靠了魏王。在那里，他犯了一些不大不小的错误，待不下去，又投了项羽。项羽很看重他，可他自己很不争气，犯了难以饶恕的罪行，只好跪来见刘邦。他的旧友魏无知很够意思，在刘邦面前把他的劣迹都隐瞒下来，拼命吹嘘他的才能。刘邦此时正需要人才，也没有再详细考察陈平的历史，就把他留了下来，让他做了军官。

周勃比较了解陈平的底细，他出于对汉王的忠心，禀告刘邦说："陈平劣迹斑斑，品行不端。在家里的时候，就和嫂子发生过不正当的男女关系。跑到魏，在那儿犯了错误，又投奔楚，不为项羽所容。现在投到您的帐下，您要他做军官，请您三思而行啊！"

汉王听了，对推荐陈平的魏无知十分恼火，什么人不好推荐，偏偏推荐了乱伦不忠的陈平，让这种无德无行的人做军官，岂不把我的大计都弄糟。于是找到魏无知，批评了他一通。陈平的事，要他看着办。

魏无知申辩说："我说他行，是指他的才能。他的品行上虽有缺点，也都是属于小节问题。您现在所需要的，是能帮助您打天下的人。那些严守信义道德的人。如果不能助您一臂之力，您要他们有什么用呢?"

刘邦觉得魏无知并不无知,倒是对用人有独到的见解,就采纳了他的意见,让陈平做了护军中尉,各路将领都要受他的监护。

陈平受到刘邦的赏识和信任,干得十分卖力。他不仅没有再逃跑过,而且忠心耿耿,为刘邦夺取天下献计献策。据说,正是他所献的六条秘计,帮了刘邦很大的忙。刘邦做了皇帝后,陈平荣升为右丞相。

保全樊哙善终而止

西汉十二年(公元前195年)三月,刘邦因征英布时被箭矢所伤,病情十分严重。这时,有一个向来与樊哙不和的侍臣,见机便向刘邦进谗道:"樊哙为皇后的妹夫,与吕氏结为死党,我听说他暗地里设谋,待陛下千秋万岁之后,引兵入都,尽诛戚夫人、赵王如意等人,您不可不防!"

刘邦本来就非常宠爱戚夫人,忧虑日后戚氏母子的安危,闻后大怒,不管事情的真伪,立即召陈平、周勃于榻前,说:"樊哙伙同吕后,盼我速死,今命你二人,持诏前往燕地,速斩樊哙,不得有误!"又叮嘱周勃道:"樊哙被斩后,你可代哙为将,讨伐叛王卢绾。"二人闻令大惊,见刘邦盛怒,且重病在身,也不敢问明原因,只得奉命退出,整装北行。在路上,二人私语道:"樊哙本是陛下的故人,积功甚多,又是吕后的妹夫,事关皇亲国戚。主上不知听了何人谗言,盛怒之下,欲斩樊哙,难免事毕后悔。我们最好权宜行事,将樊哙擒住后斩往京师,请主上亲自发落。"二人议好后,星夜赶往燕。数日后,二人已入燕境,行至距樊哙军营几里处停下,筑好坛,派人持节往召樊哙。此时,樊哙正欲发兵追赶卢绾,听说汉使来召,只得随使来到坛前,跪地听诏。陈平登坛宣敕,才读到一半,突有武士数人,从坛下窜出，乘樊哙不备，将其擒获。樊哙正要挣扎，陈平忙从坛上走下，向樊哙低言数语，樊哙方才服绑。二人见目的达到，周勃自去统军，陈平押着樊哙，赶往长安。

陈平押解樊哙，故意缓缓而行。这一天，正在走路，忽然听到刘邦驾崩的消息，陈平怕吕后、吕须牵怒自己，就令车马慢慢行走，自己打马先行，匆匆入都，直奔宫中，在刘邦灵前跪下，边拜边哭。吕后见陈平已回，忙问樊哙情况。陈平道："臣奉命往斩樊哙，因念哙有大功，不敢加刑，现已押解来京，听候发落。"吕后听后，方转忧为喜，令陈平下去休息。陈平因怕有谗得逞，固请留在宫中，充当宿卫。吕后见陈平办事有心，当即拜其为郎中令，叫他傅相嗣君。至此，陈平才放下心来，起身谢恩，告辞而出。数日之后，樊哙到都，吕后诏令，赦其无罪，复其爵邑。

至于刘邦死后汉朝的政权，则是其妻吕后临朝称治七年，汉朝功臣良将被诛戮无数。如果陈平当时杀了樊哙，其后果可想而知！

> 陈平会忍，虽然自身有缺点，但会用心机，笼络住了刘邦和吕后，因此保全了自身。其实就道德品质和生活作风而言，在当时的社会算不了什么。人们常常以强调德才兼备来掩盖对能力的重视不足，所谓兼备，到头来实际上成了以十分表面的以"德"取人，真正的才却并不多。应该说陈平才是真正地被以"才"取人，这是官场上的大忍。也正因为陈平为刘邦和吕后办了几件出色的大事，所以善终而止，官场不败。

萧规曹随也是忍

萧规曹随，陈陈相因，历来为人乐道。仔细想想，这也是一种为官之忍，如果不是这样，曹参不用说继续当宰相了，恐怕连命都保不住了。

接任丞相不务正业

现代汉语中有一个由历史故事而来的成语，叫做"萧规曹随"。现在，这个词的一般含义是陈陈相因，无所创建，并不是一个褒义词。但这个成语的来历，却有很丰富的文化含义。

汉惠帝二年（公元前193年）七月，丞相萧何病死。吕后、惠帝遵汉高祖遗嘱，召齐国国相曹参入朝，要他继萧何之职为丞相。曹参奉诏入朝，面谒吕后、惠帝，接了相印，入主丞相府。

当时朝臣们都私下里议论，说萧何、曹参二人，与刘邦一起起家，同是沛吏出身，原本十分友好，后曹参战功甚多，封赏反而不如萧何，两人遂生隔阂。现在曹参为丞相，必然会因前嫌，对人事做大的调动。为此，相府里的各级官员，都感前途未卜，人心惶惶。谁知曹参接印数日，依然如故，且贴出文告，一切政务、用人都依前丞相旧章办事。官吏们这才放下心来，守职理事。

数月之后，曹参已渐渐熟知属僚，对那些好名喜事、弄文舞法的人员，一律革除，另在各郡国文吏中，选那些年高忠厚、口才迟钝者，补上空缺。自此，关在府中，日夜饮酒，不理政事。

有些和曹参关系密切的官员、宾客看到这种情况，都感奇怪，入见曹参，问个明白。然而，只要见到曹参的，还没等到发问，便被曹参邀入席中饮酒，一杯未完，又是一杯，直到喝醉方止，所以没有人能够明白曹参的真正意思。俗话说，上行下效。参既喜饮，属吏们纷纷仿效。相府后面有个花园，经常有些下属聚在园旁，饮酒为乐。饮到半醉，或舞或歌，声音传到了很远的地方。曹参明知，却装聋作哑，不加理睬。有两个侍吏实在看不下去，以为曹参不知，便寻机找了个借口，请他往游后园。曹参来到园中，赏景闻声，兴致渐高，遵命侍吏摆酒园中，自饮自歌，与园旁吏声相互唱和。侍吏见此，感到莫名其妙，也不好再问。

无为而治天下太平

曹参不但不去禁酒，就是属下办事稍有小误，也往往代为遮掩。属吏感德，但朝中大臣，往往感到不解，有的便把曹参的作为，报告了惠帝。惠帝因母后吕雉专权，残酷地杀了戚姬，毒死了戚姬的儿子如意，心感愤怨和绝望，遂躲入宫中不理朝政，借酒消愁，沉溺闺房消遣时光。及闻曹参所为，心想："相国怎来学我，难道因我年幼，看我不起？"

正在惠帝猜疑之时，恰逢中大夫曹窋入侍。曹窋乃曹参之子。于是惠帝惭曹窋说："你回家后，可替朕问问你父：高祖新弃群臣，皇帝年幼未冠，全依相国辅佐。现在，你的父亲为丞相，只知饮酒，无所事事，如何能治理天下？不过，你要记住，不要说是我让你问的。"

曹窋辞别归家，把惠帝所说的话都告诉了他的父亲。曹参听后，竟然勃然大怒，不问是非，取过戒尺，打了曹窋二百下，而且边打边说："天下事你知多少？还不快快入宫侍驾！"

曹窟挨打，既觉委屈，又不理解，入宫后，向惠帝直说了此事。惠帝听后，心中更感到疑惑，翌日朝后，便将曹参留下道："你为何责打你的儿子曹窟呢？他所说的话，都是我的意思。"

曹参忙伏拜在地，顿首谢罪，问惠帝道："陛下自恶，您的圣明英武，可比得上高祖？"

惠帝道："朕怎敢与先帝相比！"

曹参又问道："陛下察臣才，与故丞相萧何比，谁优谁劣？"

惠帝不知参所问为何，还是答道："恐不及萧丞相。"

曹参这才说道："陛下所言圣明，确实如此。从前高祖及萧丞相定天下，法令、制度都已完备，今陛下垂拱临朝，臣等能守职奉法，遵前制而不令有失，便算是能继承前人了，难道还想胜过一筹吗？"

惠帝听了以后，才了解了曹参的真正意图，说："朕已知道你的意思了，请退下休息吧！"

曹参回去后，依然照旧行事。百姓经过大乱后，只求安宁，国无大事，徭役较轻，便算太平。所以曹参为政，竟得讴歌，歌云："萧何为相，较若画一；曹参成之，守而勿失。载其清净，民以宁一。"汉惠帝五年（公元前190年）八月，曹参病死，主持相府整整三年。

曹参本人原来就擅长"黄老之学"，主张无为而治。汉初的社会在经过了长期的战乱之后，也正需要休养生息，所以，曹参的萧规曹随政策与当时的社会需要是十分吻合的，与当时吕后专权、皇帝无能的朝廷状况也是十分吻合的。如果不是这样，曹参能否过得了吕后这一关，就难说了！

中国有句话叫："枪打出头鸟"、"出头的椽子先烂"，不知曹参信奉了这一原则，还是萧规可随。但在当时却是可行之计，即保全了自己，又能休养生息。在今天看来，这种处事方法就得因情况分而论之了。

第十一章 为官之忍

韬晦大师司马懿

　　要忍就忍出个名堂来，司马懿在中国历史上并不是一般的人物，连诸葛武侯也惧之三分，何况曹魏后人呢？果然司马懿以隐忍之计夺了曹家天下，实在是高明之极啊！

假痴不癫诳曹爽

　　司马懿不仅是将帅之材，还是君王之材。他能屈能伸，善于装疯避祸，善于寻求时机，善于识人用人，终于一举除掉了曹爽势力集团，使曹魏变成了司马氏的天下。

　　魏王曹睿病故后，曹芳即位，司马懿和曹魏的宗室曹爽同为顾命大臣，一同执政，但曹爽年纪既轻，又是贵族子弟，凡事都交给富有经验智谋的司马懿去办理。曹爽十分喜爱吃喝交游，聚集了一帮狐朋狗友，成天玩乐。有一天，大学者何晏对曹爽说："大魏是曹家天下，不要过分相信外人。"

　　曹爽说："先帝和幼子托付给我和太尉（司马懿），我当然要遵从遗命。"何晏冷笑道："从前，老将军（曹爽之父曹真）与太尉一起领兵抗蜀，若不是三番五次受太尉的气，何至于早逝？"这话不禁引起了曹爽对司马懿的愤恨。于是，他与心腹一起谋划削掉司马懿的兵权。

　　曹爽与门客商量定了，就来见曹芳，说司马懿的功劳很大，应当加封为太傅。曹芳还是个孩子，不懂其中的关窍，就听了曹爽的话，把司马懿召来，封他为太傅。司马懿全无防备，大吃一惊，但又不能抗命，只得交出了带兵的印信。

从此，军权就落到了曹爽的手里。曹爽高枕无忧，经常带着家将门客出外打猎，有时几天不回城去，他的弟弟以及门客都劝他说，几天不回城，恐怕会有人发动兵变。曹爽笑道："军权在我的手里，司马懿又在家养病，有什么可怕的?"后来，曹爽的弟弟曹羲求大司农桓范劝劝曹爽，曹爽听了，多少注意了一些。

恰在这时，李胜升任荆州刺史，按照当时的规矩，要前来向曹爽辞行。曹爽灵机一动，让他假借到太傅府上辞行，趁机察看司马懿的动静。李胜来到太傅府，只见司马懿躺在床上，由两个丫头扶着才勉强撑起身来。李胜对他说："我要去荆州上任了，向您来辞行!"

司马懿含混地说："并州接近匈奴，可要好好防备!"

李胜说："是荆州!"

司马懿说："你从并州来?"

司马懿大笑道："你刚从并州来?"

李胜最后借用纸笔，才对司马懿说明白。司马懿看了好一会才说："原来是荆州哇，我病得耳聋眼花了，刺史路上保重吧!"说完，司马懿用手指指嘴巴，丫头捧上汤水，司马懿就她们手中喝了，汤水还洒了一衣襟。最后，他流着泪对李胜说："我年老力衰，活不久了，剩下两个儿子，要托曹大将军照顾，请李刺史在曹将军面前多多吹嘘照顾!"说完指指两个儿子。

李胜走后，司马懿便披衣起床，对司与师和司马昭说："李胜回去必定要跟曹爽说，他不会再怀疑我了，曹爽如再出去打猎，便可动手。"

李胜赶回大将军府，把情形一五一十地向曹爽作了汇报。曹爽大

喜道："这老家伙一死，我就什么也不怕了。"过了几天，他带着魏主曹芳，点起御林军，借口出城祭祖，打猎去一了。司马懿抓住这个机会，带领儿子和众将，直奔朝中，威逼郭太后下旨，说曹爽奸邪乱国，要免职办罪，太后无奈，只得下旨。然后又占了城中的兵营，紧闭了城门。曹爽接旨后，本可以大将军印讨伐司马懿，但他生性昏懦，不听众门客的劝告，反而相信了司马懿的话，把大将军印交了出去。自己以谋反罪被处死，从此，政归司马氏。

忍羞辱战胜诸葛亮

早在司马懿与诸葛亮的较量中，司马懿就以隐忍之计对付诸葛亮。一次，诸葛亮知道司马懿因胆怯而不敢出战，就派使者去激怒他。一天，忽报诸葛亮率蜀兵进驻五丈原，派人送来一盒礼物和一封书信，司马懿只得把来人叫来。司马懿接过盒子，打开一看，却是妇人的头饰和素衣，再看那封信，竟是取笑他身为大将，却和关在闺房里的贵妇人一样，躲着不敢出战，没有大丈夫的气概。

司马懿大怒，但他抑制住不肯发泄出来，却装出一副笑脸道："诸葛亮竟把我看成妇人了！"说罢，吩咐把盒子收起来，重赏了来人。

接着，他又回来人道："你们丞相平时饮食的情况怎样，忙不忙？"来人回道："丞相每天理事都到深夜，凡是刑棍在二十以上的，一定要经他亲自办理。然而，一天的食物却吃不上几升。"司马懿回顾身边的部将笑道："诸葛亮确是忠心无私的，只是不肯信任别人，所以事无巨细，什么都要自己管，做个主帅怎么可以这样呢？况且他食少事烦，准是活不长久了！"

使者回到蜀营，把司马懿接受衣饰以及那番话都回报诸葛亮。诸葛亮听后，不觉叹了一口气说："唉，司马懿可算懂得我了！"原来，诸葛亮因劳累过度，神思不宁，有时还吐血。

司马懿知道，如出兵打不过诸葛亮，所以坚守不出，自己的身体比诸葛亮身体好，这就是最大的本钱，于是面对诸葛亮的百般挑战、侮辱只有一个字对付——忍。然后再寻找时机出战，如此这般，难怪曹操后人哪是司马懿的对手！

诸葛亮、司马懿究竟谁是赢家，给我们留下了许多值得思考的东西，什么样的领导才是合格的领导；什么样的领导真正会用人，这已是比较现实的问题了。与诸葛亮相比，司马懿虽然不是贤相，没有呼风唤雨的本领，但却是个实实在在的人物。

第十一章
为官之忍